高等学校规划教材

无损检测实用教程

WUSUN JIANCE SHIYONG JIAOCHENG

付亚波 主编

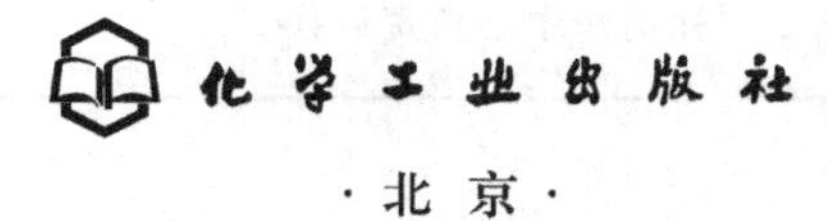

·北京·

本教材以满足应用型人才培养要求为目的，编写过程中采用理论和实验相结合的方式，内容不仅包括无损检测的原理、条件和案例，还包括了8种实验教学方案和3套试题，有利于在教学过程中理论结合实际以提高教学质量。

本书主要面向材料类专业的大学本科学生，也可作为机械等其他专业师生和在职无损检测高级人员进行系统培训的参考教材，还可供从事工程设计、技术管理、安全防护管理人员和广大无损检测工作者阅读参考。

图书在版编目（CIP）数据

无损检测实用教程/付亚波主编. —北京：化学工业出版社，2018.6（2024.7重印）
高等学校规划教材
ISBN 978-7-122-32054-4

Ⅰ.①无… Ⅱ.①付… Ⅲ.①无损检验-高等学校-教材
Ⅳ.①TG115.28

中国版本图书馆CIP数据核字（2018）第084197号

责任编辑：陶艳玲　　　　装帧设计：韩　飞
责任校对：王素芹

出版发行：化学工业出版社（北京市东城区青年湖南街13号　邮政编码100011）
印　　装：北京虎彩文化传播有限公司
787mm×1092mm　1/16　印张9¾　字数228千字　　2024年7月北京第1版第7次印刷

购书咨询：010-64518888　　　　售后服务：010-64518899
网　　址：http://www.cip.com.cn
凡购买本书，如有缺损质量问题，本社销售中心负责调换。

定　　价：39.00元

本书编写人员名单

主　编：付亚波

副主编：李树丰　钟文武　卢正欣　霍颜秋

主　审：吴建波

前 言

无损检测技术不仅有着深刻的科学背景，而且有着丰富的文化内涵；无损检测凝聚着现代科学的智慧，闪耀着现代文化的光辉，现代文明有无损检测的一份贡献。在人类进入辉煌的21世纪的今天，我们应该以更宽广的视角来审视无损检测在工业中的应用。为此，加强无损检测应用型人才培养方面显得尤为重要。

近年来我国高等教育大众化教育取得了令世人瞩目的成就。在新形势下要求工科教材多元化，以满足不同层次的要求。本教材以满足应用型人才培养为目的，在《无损检测实用教程》编写过程中，以理论和实践相结合的方式，内容不仅包括无损检测的原理、检测工艺和应用案例，还包括了实验教学所需要的8种实验教学方案，最后编写了三套考试试题，有利于教师教学和学生学习。

本书主要面向材料类专业的大学本科学生，也可作为机械等其他专业师生和在职无损检测高级人员进行系统培训的参考教材，还可供从事工程设计、技术管理、安全防护管理人员和广大无损检测工作者阅读参考。

本书第1～10章由台州学院付亚波完成，第11章由西安理工大学李树丰、卢正欣完成，第12章及附录由台州学院钟文武和霍颜秋完成；全书由台州学院吴建波主审。感谢台州学院冯尚申、陈英才和王宇对本书的出版提供帮助。

付亚波

2018年1月

目 录

第8章 声振检测法 90

第9章 微波无损检测 93

第10章 声发射检测 98

第1章 绪 论

1.1 基本概念及其技术组成

1.1.1 基本概念

无损检测（Nondestructive Testing，简称NDT），以不损害被检验对象的使用性能为前提，应用多种物理原理和化学现象，对各种工程材料、零部件、结构件进行有效的检验和测试，借以评价它们的连续性、完整性、安全可靠性及某些物理性能。包括探测材料或构件中是否有缺陷，并对缺陷的形状、大小、方位、取向、分布和内含物等情况进行判断；当被检对象内部不存在大的或影响使用的缺陷时，还要提供组织分布、应力状态以及某些力学和物理量等信息。

前提条件：不损害被检验对象的使用性能。

研究内容：探测材料表面及内部缺陷，测量工艺参数，表征材料的组织结构、评价物理及力学性能、预测零部件的寿命。

突出特点：不破坏性，可以100%检测。

技术优势：具有广泛的科学基础和应用领域。

1.1.2 无损检测文化现象

无损检测技术不仅有着深刻的科学背景，而且有着丰富的文化内涵；无损检测凝聚着现代科学的智慧，闪耀着现代文化的光辉，现代文明有无损检测的一份贡献。在人类进入辉煌的21世纪的今天，我们应该以更宽广的视角来审视无损检测文化现象。

无损检测技术具有丰厚的历史底蕴和深刻的文化内涵：无损检测文化体现一种技艺精湛、品质优良、完美统一的质量理念。“21世纪是质量的世纪，质量将成为新世纪的主题”，无损检测技术作为“质量卫士”，在现代化大工业生产中将会发挥越来越大的作用。

1.1.3 无损检测与质量管理

国际著名质量管理学家朱兰博士曾经指出：“如果说20世纪是生产力的世纪，那么21世纪就是质量的世纪，质量将成为新世纪的主题。”

在21世纪，人类将感受到不断提高的产品和服务质量，质量文化在社会文化中的地位迅速提升，质量观念、质量意识日益深入人心，无损检测文化以“技艺精湛和品质优良完美统一”的质量理念和价值观念已被普遍接受。

1.1.4　无损检测技术的构成

无损检测由源头、变化、探测、显示、解释五部分组成，如图 1-1 所示。

源头---声场、热场、电场、磁场、...
⬇
变化---“源”与被检物体相互作用引起变化
⬇
探测---探测器探测到上述变化
⬇
显示---显示和记录由探测器发出的信号
⬇
解释---结合被检材料对信号进行解释

图 1-1　无损检测技术的构成

1.1.5　无损检测研究内容

① 探测材料或构件中是否有缺陷；

② 对缺陷的形状、大小、方位、取向、分布和内含物等情况进行判断；

③ 当被检对象内部不存在大的或影响使用的缺陷时，还要提供组织分布、应力状态以及某些力学和物理量等信息。

1.1.6　无损检测的理论基础

以材料的物理性质为主，NDT 领域涉及的材料物理性质有：

材料在射线辐射下呈现的性质（射线）；

材料在弹性波作用下呈现的性质（超声）；

材料的电学性质、磁学性质（电磁）；

热学性质。

1.1.7　无损检测技术的发展

无损检测由最初的无损探伤为主，通过无损检测、无损表征两个过程，达到最高阶段的无损评价。具体内容如图 1-2 所示。

（●表征——Characterization；评价——Evaluation）

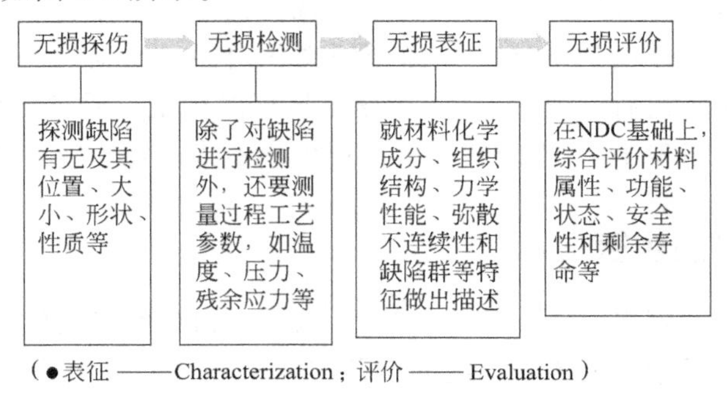

图 1-2　无损检测的发展过程

1.1.8 无损评价

1.1.8.1 基本思想

基于材料微观结构因子，建立“使用通用仪器设备得到的无损评价结果与决定材料性能的结构因子”之间的联系；基于有损检测，建立神经网络系统以及把材料的无损评价结果与确定材料性能联系起来的计算方法；最终获得有效的无损评价，如图 1-3 所示的金三角关系。

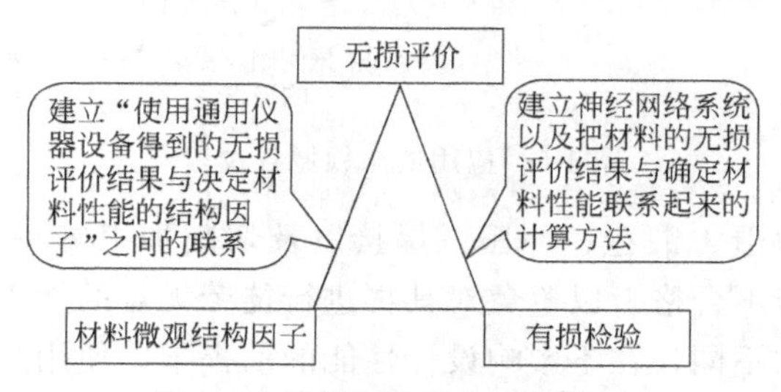

图 1-3 无损评价的金三角关系

1.1.8.2 无损评价手段

借鉴有损检测手段获得信息，在材料的力学性能、微观结构与无损检测参量之间建立相关性，进而对材料进行评价。如图 1-4 所示的“铁四边”。

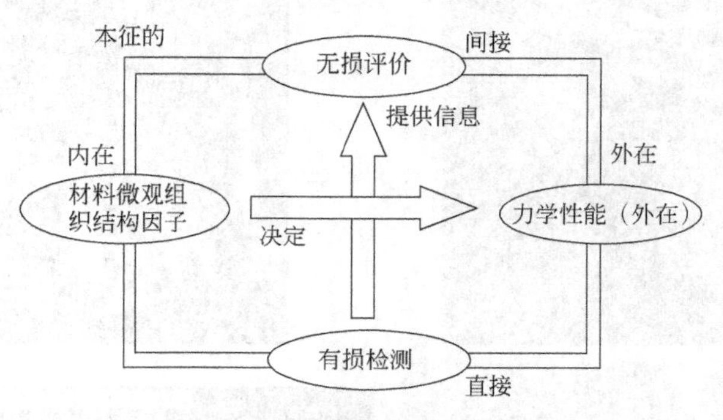

图 1-4 无损评价手段“铁四角”

1.1.9 五种常用无损检测英文及缩写

超声波检测：Ultrasonic Testing UT
射线检测：Radiographic Testing RT
涡流检测：Eddy Current Testing ET
磁粉检测：Magnetic Particle Testing MT
渗透检测：Penetration Testing PT

1.2 无损检测的应用及其重要性

1.2.1 应用在“全领域”各过程

无损检测可应用于产品设计、加工制造、成品检验、质量评价以及设备（或装置）服役等各个阶段，如图 1-5 所示。

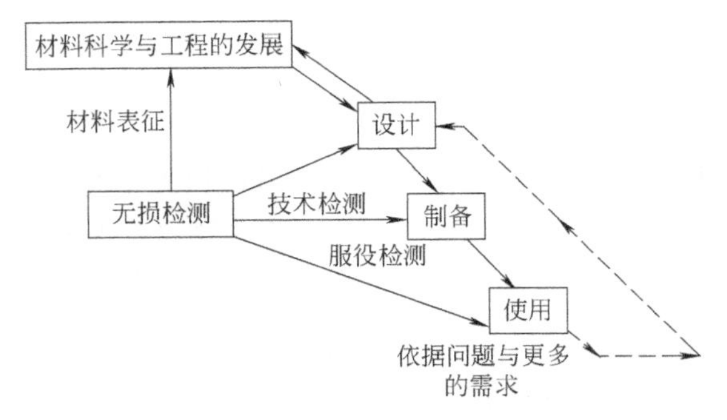

图 1-5 应用的全领域各过程

应用该技术能够在铸造、锻造、冲压、焊接以及切削加工等每道工序中检查工件（材料）是否符合要求，放弃不合格者以避免对其再进行徒劳无益的加工以保证产品的质量。有时则可以根据使用部位的不同，在不影响设计性能的前提下，使用某些有缺陷的材料，以求降低制造成本和节约资源。无损检测工序在材料和产品的静态（或动态）检测以及质量管理中，已经成为一个不可缺少的重要环节。如图 1-6 所示。

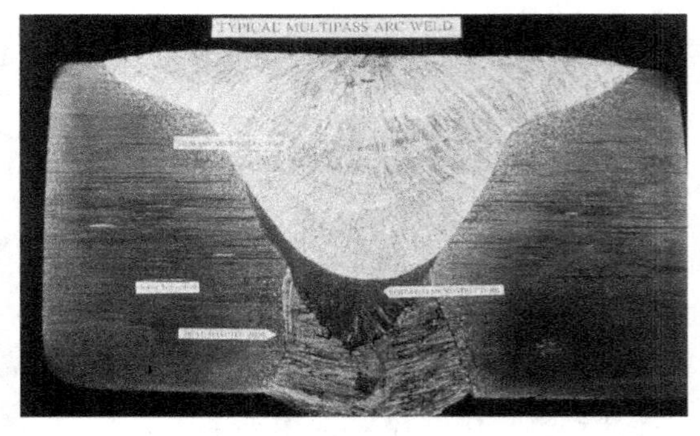

图 1-6 无损检测应用的行业

统计资料显示，经过 NDT 后产品增值情况大概是：

机械产品为 5%，国防、宇航、原子能产品为 12%～18%；

火箭为 20%左右；

德国奔驰公司汽车的部分零件经过 NDT 后，整车运行公里数提高了一倍。

1.2.2 无损检测的重要性

当前世界上有一种提法，叫作“在质量大堤的保护下生存”［宋键，质量与可靠性，1988.（5）］，对发展中国家来说这个问题更加突出，发展中国家的问题是急需建立本国的工业基础，以达到出口产品、争取外汇、替代进口、节省外汇的目的。实际情况是：发展中国家的质量监督权被发达国家控制，如挪威船级社标准、ASM标准、ISO 9000质量认证等。

应该说标准本身并没有穷国、富国、大国、小国之分，但是由于历史的或是地域的原因，一般来说发展中国家的产品质量较差，既不能替代进口也不能进入国际市场，由于没有质量保证，出口换汇成了一句空话。

德国科学家曾说过，NDT技术是机械工业的四大支柱之一。1981年，美国前总统里根在给美国无损检测学会成立40周年的贺信中说过：“你们能够给飞机和空间飞行器、发电厂、船舶、汽车和建筑物等带来更大的可靠性，没有无损检测，我们就不能享有目前在这些领域和其他领域的领先地位”。日本制定的21世纪优先发展四大技术领域之一的设备延寿技术中，把NDT放在十分重要的地位。

1.3 无损检测方法及其分类

根据所依据物理性质的不同，NDT可分为：RT—射线检测技术；UT—超声检测技术；PT—渗透检测技术；ET—涡流检测技术；MT—磁粉检测技术；以及红外、微波、声发射、激光全息检测。

随着科学技术的发展，付诸应用的无损检测技术愈来愈多，现在到底有多少种，说法不一，比较公认的大致有两种。1973年美国国家宇航局（NASA）提出，无损检测技术有七十种并将它们归纳为六大类和两个辅助分类；美国的D. T. Hagemmaier则根据实际应用情况把无损检测技术归纳为三十二种，该分类方法也得到了一定程度的认可。

第2章 超声波检测

2.1 超声波的概念

波有两大类：电磁波和机械波。电磁波是由电磁振荡产生的变化电场和变化磁场在空间的传播过程（无线电波、紫外线、伦琴射线和可见光）；机械波是机械振动在介质中的传播过程（水波、声波、超声波）。

振动是波动的产生根源，波动是振动的传播过程。

超声波是超声振动在介质中的传播，它的实质是以波动形式在弹性介质中传播的机械振动。超声波的产生必须依赖于作高频机械振动的“声源”。同时，还必须依赖于弹性介质的传播。超声波的传播过程包括机械振动状态和能量的同时传递。

2.2 不同频率范围的声学研究内容

次声（$f<16$Hz）：台风、地震、核爆炸、天体等；

声频声（16Hz～20kHz—可听声）：语言声学、音乐声学、电声学、噪声学、建筑声学、生理声学、心理声学等；

超声（$2\times10^4\sim10^9$Hz）：超声学、水声学、生物声学、仿生学等；

特超声（$f>10^9$Hz）：研究物质结构。

2.3 超声波的特点

2.3.1 优点

① 超声波的方向性好：超声波具有像光波一样定向发射的特性。

② 超声波的穿透能力强：对于大多数介质而言，它具有较强的穿透能力。例如在一些金属材料中，其穿透能力可达数米。

③ 超声波的能力高：超声检测的工作频率远高于声波的频率，超声波的能量远大于声波的能量。

④ 遇有界面时，超声波将产生反射、折射和波型的转换：利用超声波在介质中传播时的这些物理现象，经过巧妙地设计，可使超声检测工作的灵活性、精确度得以大幅度提高。

⑤ 对人体无害。

2.3.2 超声检测技术的局限性

超声波检测的记录性差，它不能像射线检测及其他检测方法那样，可得出射线检测及其他检测痕迹，比较直观地判断缺陷几何形状、尺寸和性质；

超声波检测技术难度较大，其检测效果和可靠程度往往受到操作人员的责任心、工作时的精神状态及技术水平高低的影响。

2.3.3 超声检测技术的适用范围

超声波检测是工业无损检测技术中应用最为广泛的方法。

就无损检测而言，超声波适用于各种尺寸的锻件、轧制件焊缝和某些铸件，无论是钢铁、有色金属和非金属，都可以采用超声波法进行检验。各种机械零件、结构件、电站设备、船体、锅炉、压力容器等，都可以采用超声法进行有效的检测。

就物理性能而言，用超声波可以无损检测厚度、材料硬度、淬硬层深度、晶粒度、液位和流量、残余应力和胶接强度等。

2.3.4 超声波的分类

超声波有很多分类方法，按照介质质点的振动方向与波的传播方向之间的关系，可以分为纵波、横波、表面波等。

2.3.4.1 纵波

纵波用 L（Longitudinal Wave）表示，又称为压缩波或疏密波，是质点振动方向与波的传播方向互相平行的波，如图 2-1 所示。纵波可在固体、液体和气体中传播。

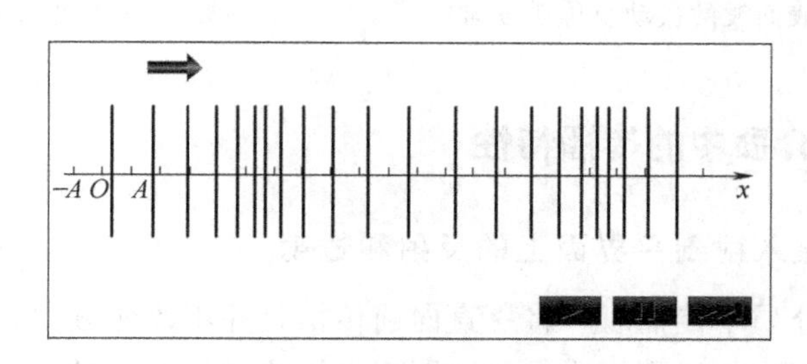

图 2-1　纵波的振动及传播方向

2.3.4.2 横波

横波用 S（Shear Wave）或 T（Transverse Wave）表示，又称为切变波，是质点振动方向与波的传播方向相垂直的波，如图 2-2 所示。横波只能在固体介质中传播，不能在液体和气体介质中传播。

2.3.4.3 表面波

表面波用 R（Rayleigh Wave）表示，它对于有限介质而言沿介质表面传播的波，又称为瑞利波，如图 2-3 所示，其特点如下。

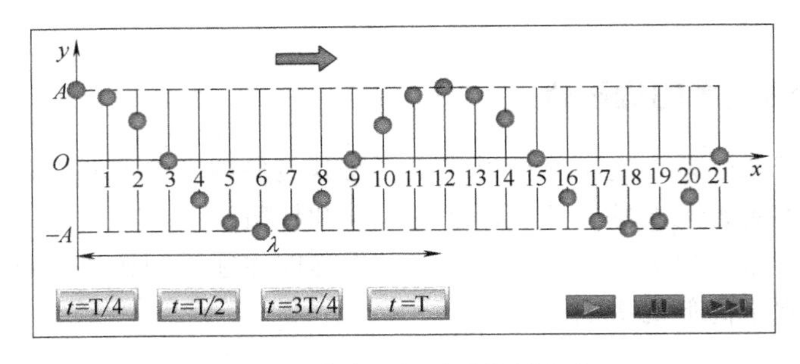

图 2-2　横波的振动及传播方向

① 只能在固体介质中传播，不能在液体和气体介质中传播；

② 表面波的能量随着在介质中传播深度的增加而迅速降低，其有效透入深度大约为一个波长。

2.3.4.4　板波

在板厚和波长相当的弹性薄板中传播的超声波叫板波，分为对称板波和非对称板波，如图 2-4 所示。

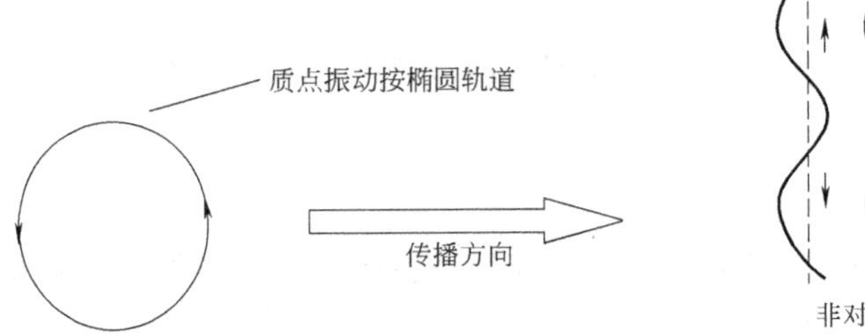

图 2-3　表面波的振动及传播方向

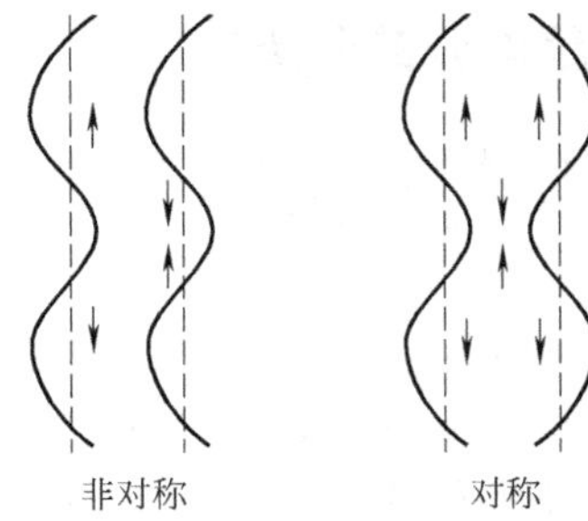

图 2-4　对称板波和非对称板波

2.3.5　超声波在介质中的传播特性

2.3.5.1　超声波垂直入射到平界面上的反射和透射

超声波在无限大介质中传播时，将一直向前传播，并不改变方向。

超声波在传播过程中如遇到异质界面（即声阻抗差异较大的异质界面）时，会产生反射和透射现象。

反射波与透射波的声压（声强）是按一定比例分配的。这个分配比例由声压反射率 r（或声强反射率）和透射率 t（或声强透射率）来表示。

$$r=\frac{P_r}{P_o}=\frac{Z_2-Z_1}{Z_2+Z_1} \tag{2-1}$$

$$t=\frac{P_t}{P_o}=\frac{2Z_2}{Z_2+Z_1} \tag{2-2}$$

式中，P_r 和 P_t 分别为反射和透射声压；P_o 为原声压；Z_1 和 Z_2 分别为介质 1 和介质 2 的声阻抗。

超声波垂直入射时的反射率和透射率各不同，绝大部分都将被反射，因此必须借助于耦合剂降低反射率，提高透射率。图 2-5 中，超声波从水中射向钢铁时，在水钢界面声压反射率会达到 88%，声压透射率为 12%。

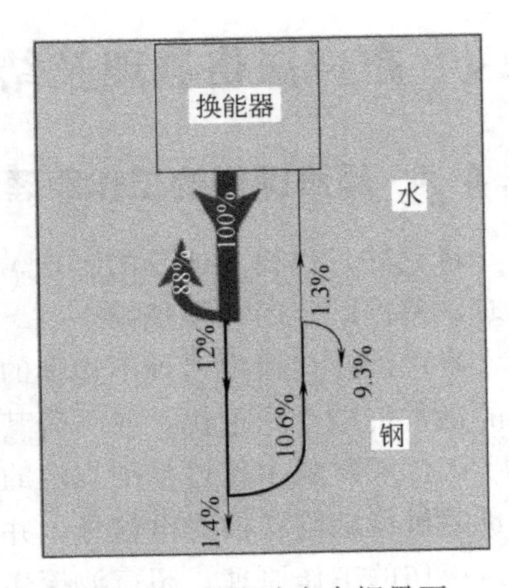

图 2-5　超声波在水钢界面的反射和透射

2.3.5.2　超声波倾斜入射到平界面上的反射和折射

当声波沿倾斜角到达固体介质表面时，由于介质的界面作用，将改变其传输模式（例如从纵波转变为横波，反之亦然）。传输模式的改变还导致传输速度的变化，满足斯涅耳定律，如式（2-3）所示。

$$\frac{\sin\alpha_L}{c_{L1}}=\frac{\sin\gamma_L}{c_{L1}}=\frac{\sin\gamma_S}{c_{S1}}=\frac{\sin\beta_L}{c_{L2}}=\frac{\sin\beta_S}{c_{L2}} \tag{2-3}$$

式中，α 为入射角；β 为折射角；γ 为反射角；下角 L 表示纵波；下角 S 表示横波；c 为声速。

超声波的反射与折射遵循几何光学中的反射定律与折射定律。反射定律的内容是：入射角等于反射角；入射线、反射线和界面法线在同一平面内。

折射定律的内容是：

$$\frac{\sin\alpha}{\sin\beta}=\frac{c_1}{c_2} \tag{2-4}$$

式中，α 为入射角；β 为折射角；c_1 和 c_2 分别为第一介质和第二介质中的声速。

2.3.6　超声波的衰减

波在实际介质中传播时，其能量将随距离的增大而减小，这种现象称为衰减。超声波的衰减包括扩散衰减、散射衰减和吸收衰减。

当声波在传播过程中遇到由不同声阻抗介质所组成的界面时，将产生散乱反射（简称散射）而使声能分散，造成衰减，这种现象叫散射衰减。材料中的杂质、粗晶、内应力、第二相、多晶体晶界等，均会引起声波的反射、折射，甚至发生波型转换，造成散射衰减。如图 2-6 所示。

扩散衰减是由于几何效应导致的能量损失，仅决定于波的几何形状（例如是球面波还是柱面波），而与传播介质的性质无关。

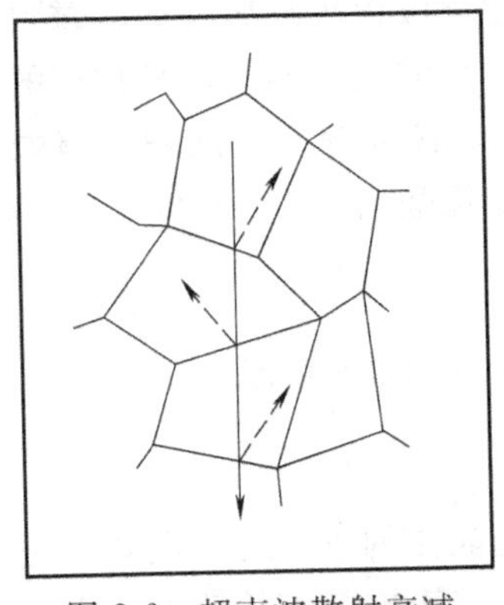
图 2-6　超声波散射衰减

吸收衰减是指由于介质质点之间的内摩擦使声能转变成热能，以及介质中的热交换等而导致声能的损失，可由位错阻尼、非弹性迟滞、弛豫和热弹性效应等来解释。

超声波在液体和气体中的衰减主要是由介质对声波的吸收作用引起的。有机玻璃等高分子材料的声速和密度较小，黏滞系数较大，吸收也很强烈。

一般金属材料对超声波吸收较小，与散射衰减相比可以忽略。

2.4 超声探伤原理及结构

2.4.1 超声探伤的工作原理

将完好工件视为连续的、均匀的、各向同性的弹性传声介质。当超声波在这种介质中传播时，遵循既定的声学规律。

当声波在传播中遇到不连续的部位时，由于其与工件本身在声学特性上的差异，导致声波的正常传播受到干扰，或阻碍其正常传播，或发生反射或折射。

工件或材料中超过标准规定的不连续部位，就是缺陷或伤。采用相应的测量技术，将非电量的机械缺陷转换为电信号，并找出二者的内在关系，据以判断和评价工件质量，这就是超声探伤的工作原理。超声波探伤仪如图 2-7 所示。

图 2-7 超声波探伤仪

2.4.2 超声波探头

2.4.2.1 原理

在超声波检测技术中主要是利用它的反射、折射、衰减等物理性质。不管哪一种超声波仪器，都必须把超声波发射出去，然后再把超声波接收回来，变换成电信号。完成发射部分和接收部分工作的装置均称为超声波换能器，或超声波探头。超声波探头有压电式、磁致伸缩式、电磁式等。在检测技术中最常用的是压电式。在压电式超声波换能器中，最常用的压电材料分为压电晶体和压电陶瓷。压电晶体如水晶（石英晶体）、镓酸锂、锗酸锂、锗酸钛以及铁晶体管铌酸锂、钽酸锂等。压电陶瓷有改性锆钛酸铅、偏铌酸铅。

2.4.2.2 结构

超声波探头是超声波仪器的重要结构，由以下四部分组成，如图 2-8 所示。

2.4.2.3 超声波探头的作用

超声波探头用于实现声能和电能的互相转换。它是利用压电晶体的正、逆压电效应进行换能的。探头是组成检测系统的最重要的组件，其性能的好坏直接影响超声检测的效果。

超声波探头通过压电效应发射、接收超声波。

640V 的交变电压加至压电晶片银层，使面积相同、间隔一定距离的两块金属极板分别带上等量异种电荷形成电场，有电场就存在电场力，压电晶片处在电场中，在电场力的作用下发生形变。在交变电场力的作用下发生变形的效应，称为逆压电效应，也是发射超声波的过程。

超声波是机械波，机械波是由振动产生的，超声波发现缺陷引起缺陷振动，其中一部分沿原路返回。由于超声波具有一定的能量，再作用到压电晶体上，使压电晶体在交变拉、压力作用下产生交变电场，这种效应称为正压电效应，是接收超声波的过程。正、逆压电效应统称为压电效应。

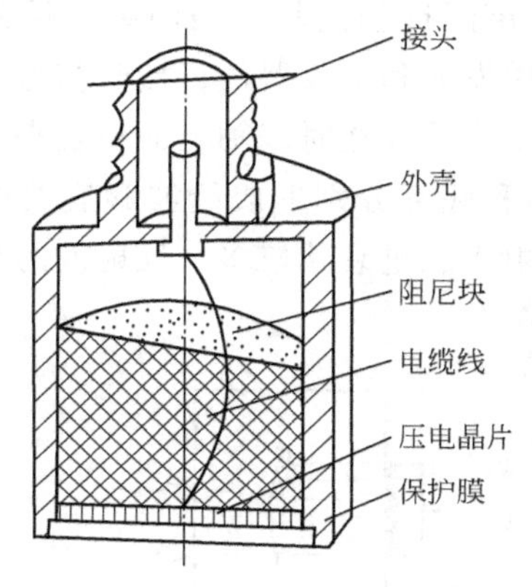

图 2-8 超声波探头的组成及结构

图 2-9 超声波的一组探头

2.4.2.4 常用超声波探头的类型

超声波检测中由于被探测工件的形状和材质、探测的目的、探测的条件不同，因而要使用各种不同形式的探头。其中最常用的是接触式纵波直探头、接触式横波斜探头、双晶探头、水浸探头与聚焦探头等。一般横波斜探头的晶片为方形，纵波直探头的晶片为圆形，而聚焦声源的圆形晶片为声透镜。所以声场就有圆盘源声场、聚焦声源声场和斜探头发射的横波声场。图 2-9 为一组探头的图片。

直探头（超声波传感器）发射的声场结构，按距离远近分外近场和远场。近场能量强，探头中间部位能量比边部能量集中，检测效果较好。

2.4.3 试块与耦合剂

与一般的测量过程一样，为了保证检测结果的准确性与重复性、可比性，必须用一个具有已知固定特性的试样（试块）对检测系统进行校准。这种按一定的用途设计制作的、均具有简单形状人工反射体的试件即称为试块。超声检测用试块通常分为两种类型，即标准试块（校准试块）和对比试块（参考试块）。

当探头和试件之间有一层空气时，超声波的反射率几乎为 100%，即使很薄的一层空气也可以阻止超声波传入试件。因此，排除探头和试件之间的空气非常重要。耦合剂就是为了改善探头和试件间声能的传递而加在探头和检测面之间的液体薄层。耦合剂可以填充探头与试件间的空气间隙，使超声波能够传入试件，这是使用耦合剂的主要目的。除此之外，耦合剂有润滑作用，可以减少探头和试件之间的摩擦，防止试件表面磨损探头，并使探头便于移动。在液浸法检测中，通过液体实现耦合，此时液体也是耦合剂。常用的耦合剂有水、甘油、变压器油、化学糨糊等。

2.5 超声波检测方法

2.5.1 超声波反射法

2.5.1.1 原理

反射法指超声波脉冲在试件内传播的过程中，遇有声阻抗相差较大的两种介质的界面时，发生反射的原理进行检测的方法。采用一个探头兼做发射和接收器件，接收信号在探伤仪的荧光屏上显示，并根据缺陷及底面反射波的有无、大小及其在时基轴上的位置来判断缺陷的有无、大小及其方位。超声波通过工作时，在界面和底部分别形成始波和底波的反射波，由波峰大小看出能量衰减的程度。在遇到缺陷时，由于能量衰减较多，反射波的波峰较低，据此分辨有无缺陷。原理如图 2-10 所示。

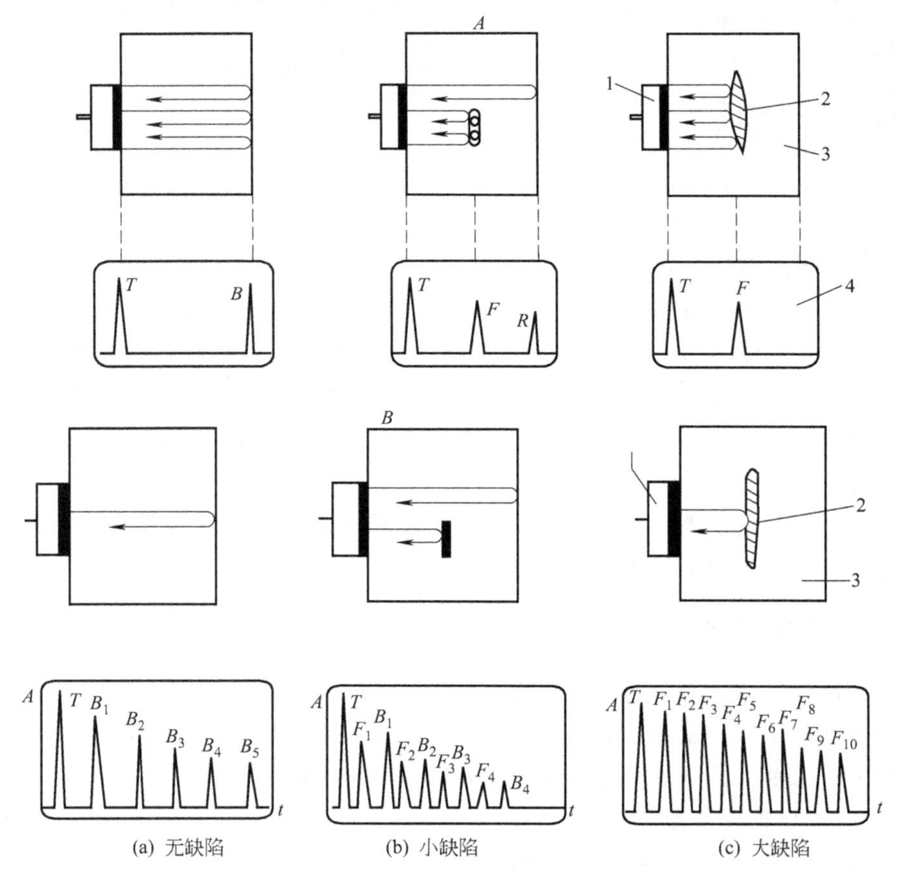

图 2-10 直接接触脉冲反射法

A—一次；B—多次；

1—探头；2—缺陷；3—工件；4—显示屏

2.5.1.2 优点

① 检测灵敏度高，能发现较小的缺陷；

② 当调整好仪器的垂直线性和水平线性后，可得到较高的检测精度；

③ 适用范围广，可适当改变耦合方式、选择一定的探头以实现预期的探测波型和检测灵敏度，或者说可实现用多种不同的方法对试件进行检测；

④ 操作简单、方便、容易实施。

2.5.1.3 缺点

① 单探头检测往往在试件上留有一定盲区；

② 由于探头的近场效应，故不适用于薄壁试件和近表面缺陷的检测；

③ 缺陷波的大小与被检缺陷的取向关系密切，容易有漏检现象发生；

④ 因声波往返传播，故不适用于衰减太大的材料。

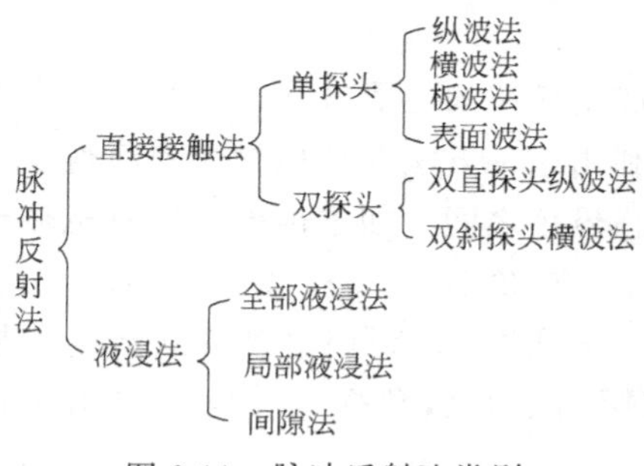

图 2-11 脉冲反射法类别

2.5.1.4 脉冲反射法

脉冲反射法已经在工业中广泛使用，分为直接接触法和液浸法，各自又有不同类别，如图 2-11 所示。

直接接触法：方便灵活、耦合层薄、声能损失小；检测精度易受对探头所施加压力大小、耦合层的厚薄、接触面积大小和对工件表面凹坑的填充程度等影响因素；探头容易磨损，探测速度低。

液浸法：在探头和工件之间设置一层一定厚度的液体传声层，使超声波经过液层后再进入工件的探伤方法。一般用水做耦合剂，通常又称为“水浸法”探伤。

2.5.2 超声波透射法（穿透法）

2.5.2.1 原理

透射法是将发射探头和接收探头分别置于试件的两个相对面上，根据超声波穿透试件后的能量变化情况，来判断试件内部质量的方法。如试件内无缺陷，声波穿透后衰减小，则接收信号较强；如试件内有小缺陷，声波在传播过程中部分被缺陷遮挡，使之在缺陷后形成阴影，接受探头只能收到较弱的信号；若试件中缺陷面积大于声束截面时，全部声束被缺陷遮挡，接收探头则收不到发射信号。原理如图 2-12 所示。

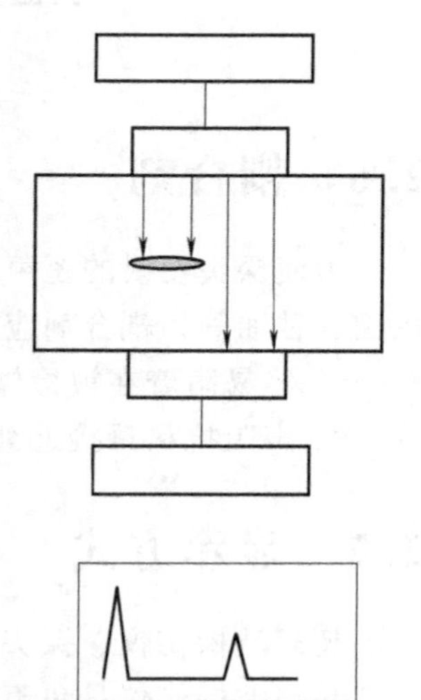

图 2-12 超声波透射法原理（有小缺陷）

2.5.2.2 优点

① 透射法简单易懂、便于实施，不需考虑反射脉冲幅度，而且裂纹的遮蔽作用不受缺陷粗糙度或缺陷方位等因素的影响（这通常是造成检测结果变化的主要原因）。

② 在试件中声波只做单向传播，适合检测高衰减的材料。

③ 对发射和接收探头的相对位置要求严格，需专门的探头支架。当选择好耦合剂后，特别适用于单一产品大批量加工制造过

程中的机械化自动检测。

④ 在探头与试件相对位置布置得当后，即可进行检测，在试件中几乎不存在盲区。

2.5.2.3 缺点

① 一对探头单收单发的情况下，只能判断缺陷的有无和大小，不能确定缺陷的方位。

② 当缺陷尺寸小于探头波束宽度时，该方法的探测灵敏度低。若用探伤仪上透射波高低来评价缺陷的大小，则仅当透射声压变化 20%以上时，才能将超声信号的变化进行有效区分。若用数据采集器采集超声波信号，并借助于计算机进行信号处理，则可大大提高探测灵敏度和精度。

③ 往往需要专门的扫查装置。

2.5.3 超声波横波检测法

利用横波进行探伤的方法，称为横波法探伤。目前产生横波的主要方法是，利用透声楔使纵波倾斜入射至界面，在被检材料中产生折射横波。利用这种方法在被检材料中获得单一的横波，就要求纵波的入射角必须在第一临界角与第二临界角之间。如透声楔采用有机玻璃（纵波声速 2730m/s），被检材料为钢（纵波 5900 m/s，横波 3230 m/s），则第一临界角为 27°36′，第二临界角为 57°48′。实用的折射角范围为 38°～80°之间。利用这种方式产生和接收横波的探头就是通常所说的“斜探头”。因此，横波探伤也叫斜角探伤。原理如图 2-13 所示。

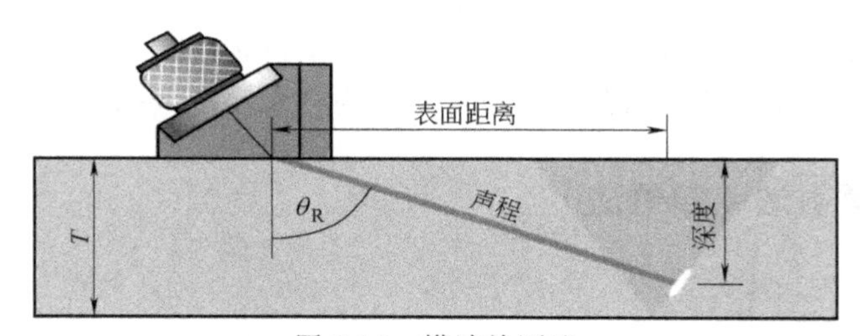

图 2-13　横波检测法

T—材料厚度；θ_R—折射角

2.6 耦合剂

为使探头发射的超声波有效地射入被检体，需要在探头与探测面之间涂上耦合剂，例如机油、甘油等。耦合剂应具备下列性质。

① 容易附着在被检体表面上，有足够的浸润性，以排除探头与探伤面之间的空气薄层；

② 声阻抗尽量接近被检材料的声阻抗，以利声能尽可能多地进入被检体。

2.7 显示方式

超声波探伤仪、探头和试块是超声波检测的重要设备。

超声波探伤仪是超声波检测的主体设备，它的作用是产生电振荡并加于换能器——探头，激励探头发射超声波，同时将探头送回的电信号进行放大，通过一定方式显示出来，从而得到被检工件内部有无缺陷以及缺陷位置和大小的信息。

按照缺陷显示方式分类，可分为 A 型、B 型和 C 型显示探伤仪。

2.7.1 A 型显示探伤仪

A 型显示是一种波形显示，探伤仪荧光屏的横坐标代表声波的传播时间（或距离），纵坐标代表反射波的幅度，由反射波的位置可以确定缺陷位置，由反射波的幅度可以估算缺陷大小，如图 2-14 所示。

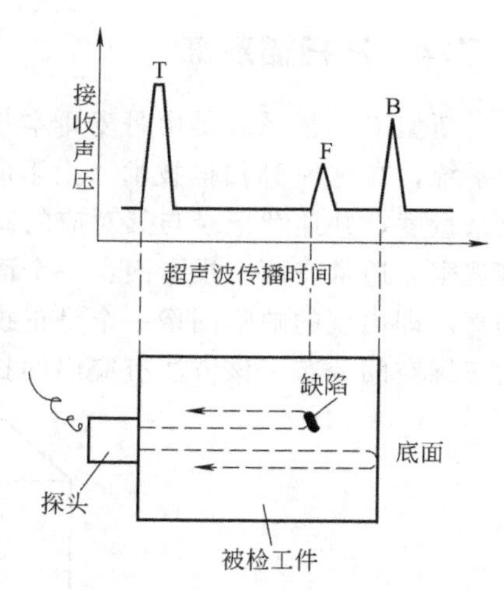

图 2-14　A 型显示探伤仪原理图

2.7.2 B 型显示探伤仪

B 型显示是一种图像显示，探伤仪荧光屏的横坐标是靠机械扫描代表探头的扫查轨迹，纵坐标是靠电子扫描来代表声波的传播时间（或距离），因而可以直观地显示出被检工件任一纵截面上缺陷的分布及缺陷的深度（缺陷长度和埋藏深度），如图 2-15 所示。

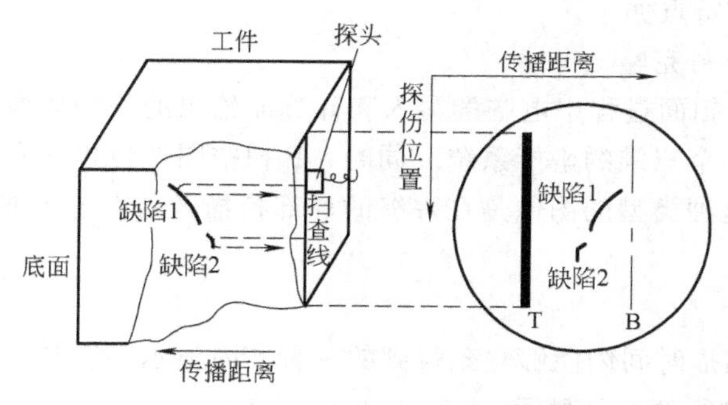

图 2-15　B 型显示探伤仪原理图

2.7.3 C 型显示探伤仪

C 型显示也是一种图像显示，探伤仪荧光屏的横坐标和纵坐标都是靠机械扫描来代表探头在工件表面的位置。探头接收信号幅度以光点灰度表示，因而，当探头在工件表面移动时，荧光屏上便显示出工件内部与检测面平行的平面内的缺陷图像（长度和宽度），但不能显示缺陷的深度，如图 2-16 所示。

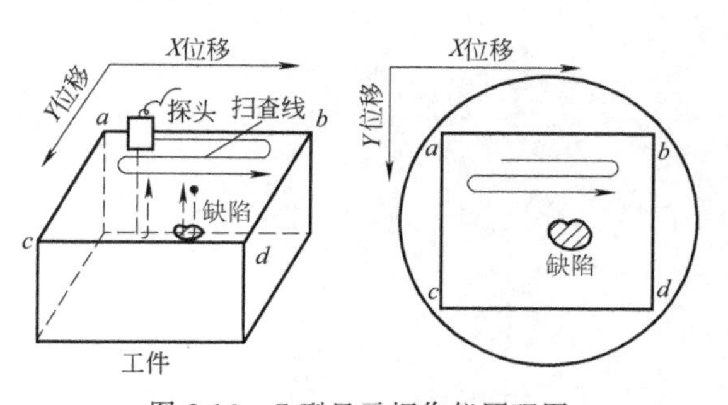

图 2-16　C 型显示探伤仪原理图

2.7.4 P扫描系统

新型P扫描系统是由丹麦哥本哈根DANISH焊接研究所研制的一种用于焊缝超声检验的系统，在这种P扫描技术（投影成像扫描技术）中，焊缝中的缺陷回波是通过dB值的变化来量度，并连续记录与其对应的缺陷状态。这种状态是通过一个或多个投影平面而进行直接观察。通常有两个投影面：一个面和焊缝的表面相平行，另一个面和焊道平行且和表面相垂直。即出现的缺陷图像一个是正投影图像，另一个是侧投影图像，得到焊缝中缺陷的完整的三维空间分布。该方法有突出的扫描可靠性和良好的重复性，如图2-17所示。

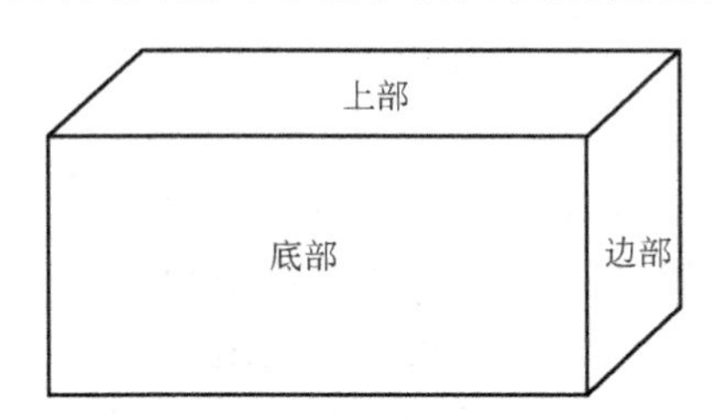

图2-17　P型显示探伤仪原理图

P扫描系统的主要特点如下。

（1）读取容易，资料完整

P扫描图像是通过扫面过程中电脑的写入和计算而给出的一种成像方式。两个投影平面在焊缝检测时构成了一个三维的坐标系统。同时，P扫描图像也包含有在焊缝上所得到的缺陷最大回波的振幅。这种类型的图像是在焊缝的局部扫描区内由超声波试验所建立的一个完整的资料。

（2）省时间

P扫描图像是在扫描时间内能够立刻得到的一种实时显示。它是由操作人员在对焊缝中的缺陷探测过程中所进行的一种显示。

第3章 射线检测

3.1 射线检测的物理基础

在射线检测中应用的射线主要是X射线、γ射线和中子射线。X射线和γ射线属于电磁辐射，而中子射线是中子束流。

（1）X射线

X射线又称伦琴射线，是射线检测领域中应用最广泛的一种射线，波长范围约为0.0006～100nm（见图3-1）。在X射线检测中常用的波长范围为0.01～50nm。X射线的频率范围约为$3\times10^{9}\sim5\times10^{14}$ MHz。

（2）γ射线

γ射线是一种波长比X射线更短的射线，波长范围约为$10^{-6}-0.1$nm（见图3-1），频率范围约为$3\times10^{12}\sim1\times10^{15}$MHz。

工业上广泛采用人工同位素产生γ射线。由于γ射线的波长比X射线更短，所以具有更大的穿透力。在无损检测中γ射线常被用来对厚度较大和大型整体工件进行射线照相。

（3）中子射线

中子是构成原子核的基本粒子。中子射线是由某些物质的原子在裂变过程中逸出高速中子所产生的。工业上常用人工同位素、加速器、反应堆来产生中子射线。在无损检测中中子射线常被用来对某些特殊部件（如放射性核燃料元件）进行射线照相。

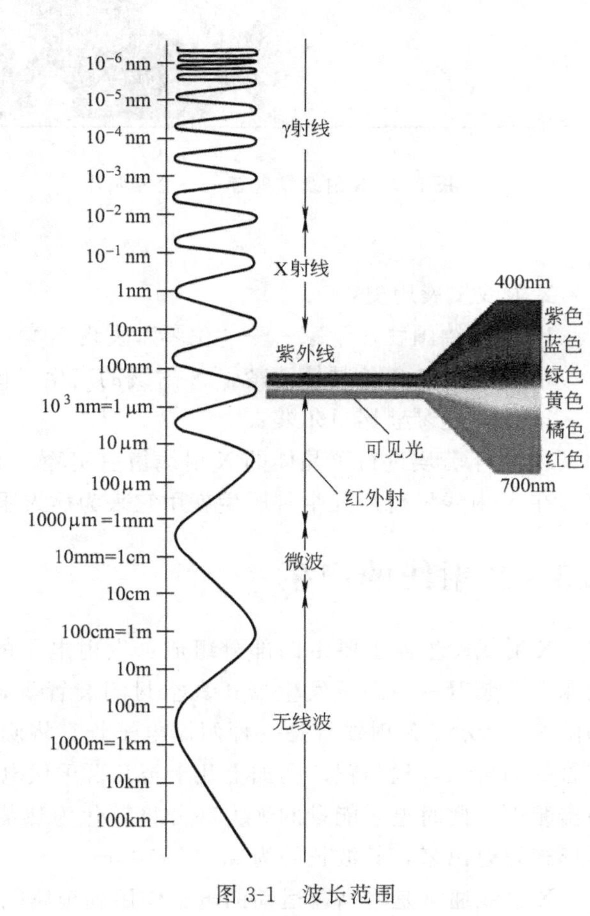

图3-1 波长范围

3.2　X 射线的发现

X 射线是一种波长比紫外线还短的电磁波，它具有光的特性，例如具有反射、折射、干涉、衍射、散射和偏振等现象。它能使一些结晶物体发生荧光、气体电离和胶片感光。

伦琴是伟大的物理学家、X 射线发现者，如图 3-2 所示。图 3-3 是纪念伦琴发现 X 射线 100 周年发行的纪念封。

图 3-2　X 射线发现者——伦琴照片

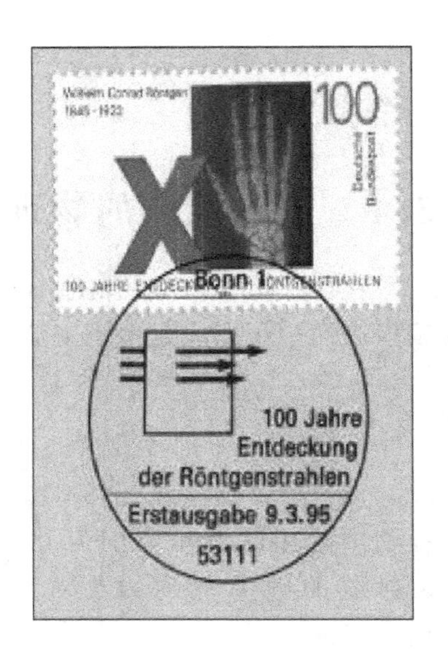

图 3-3　X 射线 100 周年发行的纪念封

X 射线发展历史：

1895 年德国物理学家——“伦琴”发现 X 射线；

1895—1897 年伦琴搞清楚了 X 射线的产生、传播、穿透力等大部分性质；

1901 年伦琴获诺贝尔奖；

1912 年劳埃进行了晶体的 X 射线衍射实验。

在 X 射线发现后几个月医生就用它来为病人服务。

3.3　X 射线的产生

X 射线发生器主要由四部分组成：发射电子的灯丝（阴极）；受电子轰击的阳极靶面；加速电子装置——高压发生器；真空封闭装置等，它们共同组成了核心部分为 X 射线管，如图 3-4 所示。X 射线管是一种两极电子管，将阴极灯丝通电加热，使之白炽而发出电子。在管的两板（灯丝与靶）间加上几十至几百千伏电压后，由灯丝发出的电子即以很高的速度撞击靶面，此时电子能量的绝大部分将转化为热能形式散发掉，而极少一部分以 X 射线能量形式辐射出来，其波长约为 0.01～50nm。

X 射线通常是将高速运动的电子作用到金属靶（一般是重金属）上而产生的。图 3-5 是

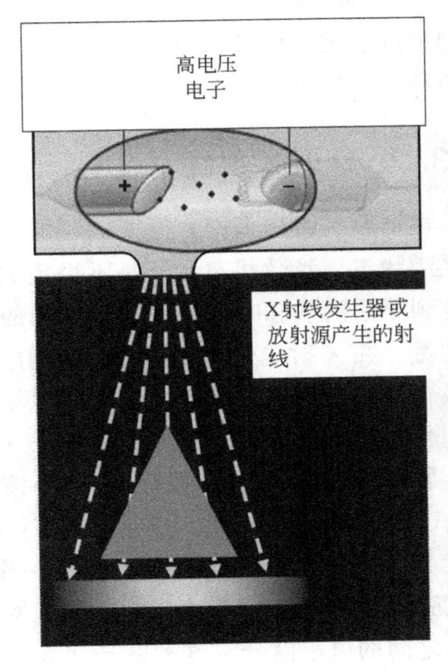

图 3-4 X 射线管

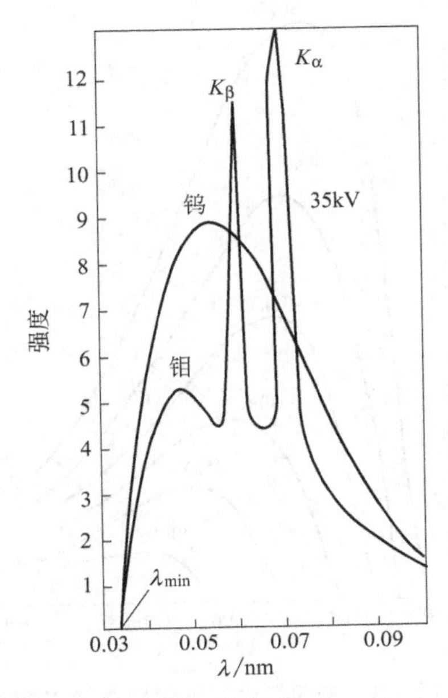

图 3-5 钨与钼的 X 射线谱

在 35kV 的电压下操作时，钨靶与钼靶产生的典型的 X 射线谱。钨靶发射的是连续光谱，而钼靶除发射连续光谱之外还叠加了两条特征光谱，称为标识 X 射线，即 K_α 线和 K_β 线。若要得到钨的 K_α 线和 K_β 线，则电压必须加到 70kV 以上。

3.3.1 连续 X 射线

根据电动力学理论，具有加速度的带电粒子将产生电磁辐射。在 X 射线管中，高压电场加速了阴极电子，当具有很大动能的电子达到阳极表面时，由于猝然停止，它所具有的动能必定转变为电磁波辐射出去。由于电子被停止的时间和条件不同，所以辐射的电磁波具有连续变化的波长。

在任何 X 射线管中，只要电压达到一定数值，连续 X 射线总是存在的。连续 X 射线具有以下特点。

① 连续 X 射线的波长与阳极的材料无关。

② 连续 X 射线的波长在长波方向，理论上可以扩展到 $\lambda=\infty$；而在短波方向，实验证明具有最短波长 $\lambda_{\min}$，且有

$$\lambda_{\min}=\frac{1.24}{U}(\mathrm{nm}) \tag{3-1}$$

式中，U 为 X 射线管的管电压，单位为 kV。

③ X 射线管的效率

$$\eta=\frac{P}{P_0}=\frac{\alpha ZIU^2}{IU}=\alpha ZU \tag{3-2}$$

式中，$P=\alpha ZIU^2$ 为连续 X 射线的总功率；$P_0=IU$ 为输入功率；Z 为阳极的原子序数；U 为管电压，单位为 kV；α 为常数，约等于 1.5×10^{-6}。

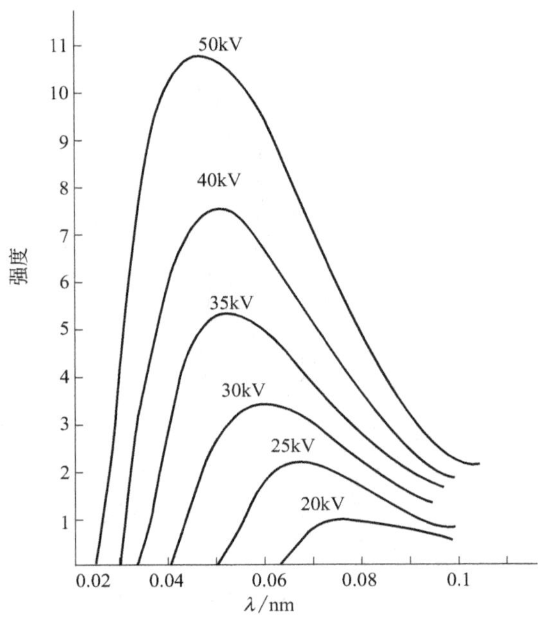

图 3-6　不同管电压下钨靶连续 X 射线

④ X 射线管的管电压愈高，其连续 X 射线的强度愈大，而且其最短波长 λ_{min} 愈向短波方向移动，如图 3-6 所示。

3.3.2　标识 X 射线

根据原子结构理论，原子吸收能量后将处于受激状态，受激状态原子是不稳定的，当它回复到原来的状态时，将以发射谱线的形式放出能量。在 X 射线管内，高速运动的电子到达阳极靶时将产生连续 X 射线。如果电子的动能达到相当的数值，可足以打出靶原子（通常是重金属原子）内壳层上的一个电子，该电子或者处于游离状态，或者被打到外壳层的某一个位置上。于是原子的内壳层上有了一个空位，邻近壳层上的电子便来填空，这样就发生相邻壳层之间的电子跃迁。这种跃迁将发射出线状的 X 射线。显然，这种 X 射线与靶金属原子的结构有关，因此称其为标识 X 射线或特征 X 射线。标识 X 射线通常频率很高，波长很短。

3.4　γ 射线的产生

放射性同位素产生 α 或 β 衰变之后，若仍处于高能级的激发状态，必定要释放多余的能量回到低能级的稳定状态（基态），这时原子核发射 γ 射线释放多余的能量，其机理是核内能级之间的跃迁产生的，如图 3-7 所示。

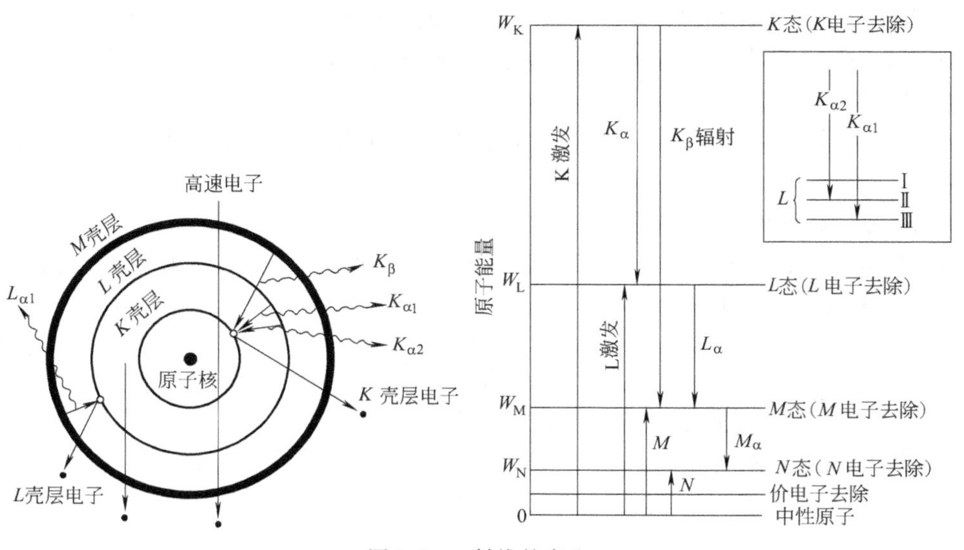

图 3-7　γ 射线的产生

3.5 中子射线的产生

同位素中子源——利用天然放射性同位素的 α 粒子轰击铍，引起核反应产生中子，强度较低。

加速器中子源——用被加速的带电粒子去轰击适当的靶，可产生各种能量的中子，强度比普通同位素中子源高，如图 3-8 所示。

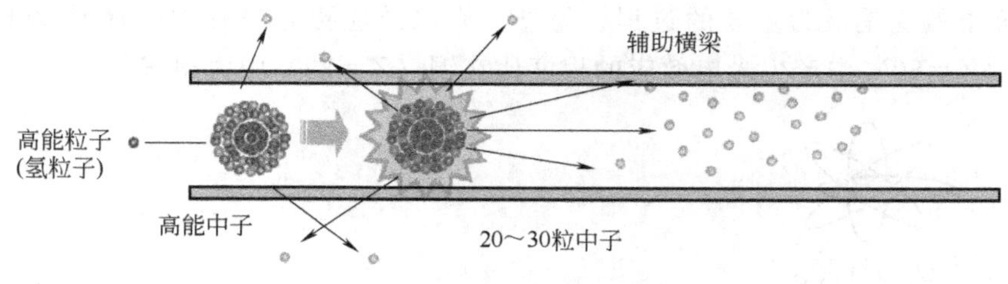

图 3-8 加速器中子源

反应堆中子源——利用重核裂变，在反应堆内形成链式反应，不断地产生大量中子，反应堆中子源是目前能量最大中子源。

3.6 射线检测及其特点

射线检测的基础是利用 X 射线或 γ 射线可以穿透金属，在正常和缺陷部位产生吸收差别，因此形成射线强度变化的潜影，再通过胶片感光形成缺陷的影像。从检测技术本身来说，射线检测具有缺陷影像可长时间保存的特点，因此在工业中得到了较广泛的应用。其中，X 射线检测的灵敏度与清晰度较好，应用较多，在没有电源的情况下可以采用放射性同位素源产生的 γ 射线进行检测。

射线检测的特点如下。

① 适用于几乎所有材料，而且对零件形状及表面粗糙度均无严格要求，对厚至半米的钢或薄如纸片的树叶、邮票、油画、纸币等均可检查内部质量。

② 能直观地显示缺陷影像，便于对缺陷进行定性、定量和定位。

③ 射线底片能长期存档备查，便于分析事故原因。

④ 射线检测对气孔、夹渣、疏松等体积型缺陷的检测灵敏度较高，对平面缺陷的检测灵敏度较低，如当射线方向与平面缺陷（如裂纹）垂直时就很难检测出来，只有当裂纹与射线方向平行时才能够对其进行有效检测。

⑤ 射线对人体有害，需要保护措施。

3.7 射线通过物质的衰减规律

3.7.1 射线与物质的相互作用

强度均匀的射线照射被检的物体时，会产生能量的衰减，其衰减程度与射线的能量（波长），被穿透物体的质量、厚度及密度有关。如果被照物体是均匀的，射线穿过物体衰减后的能量只与其厚度有关。当物体内有缺陷时，在缺陷内部穿过射线的衰减程度则不同，最终得到不同强度的射线，如图 3-9 所示。

3.7.1.1 光电效应

在普朗克概念中每束射线都具有能量为 $E=hv$ 的光子。光子运动时保持着它的全部动能。光子能够撞击物质中原子轨道上的电子，若撞击时光子释放出全部能量，并将原子电离，则称为光电效应（见图 3-10）。光子的一部分能量把电子从原子中逐出去，剩余的能量则作为电子的动能被带走，于是该电子可能又在物质中引起新的电离。当光子的能量低于 1MeV 时，光电效应是极为重要的过程。另外，光电效应更容易在原子序数高的物质中产生，如在铅（$Z=82$）中产生光电效应的程度比在铜（$Z=29$）中大得多。

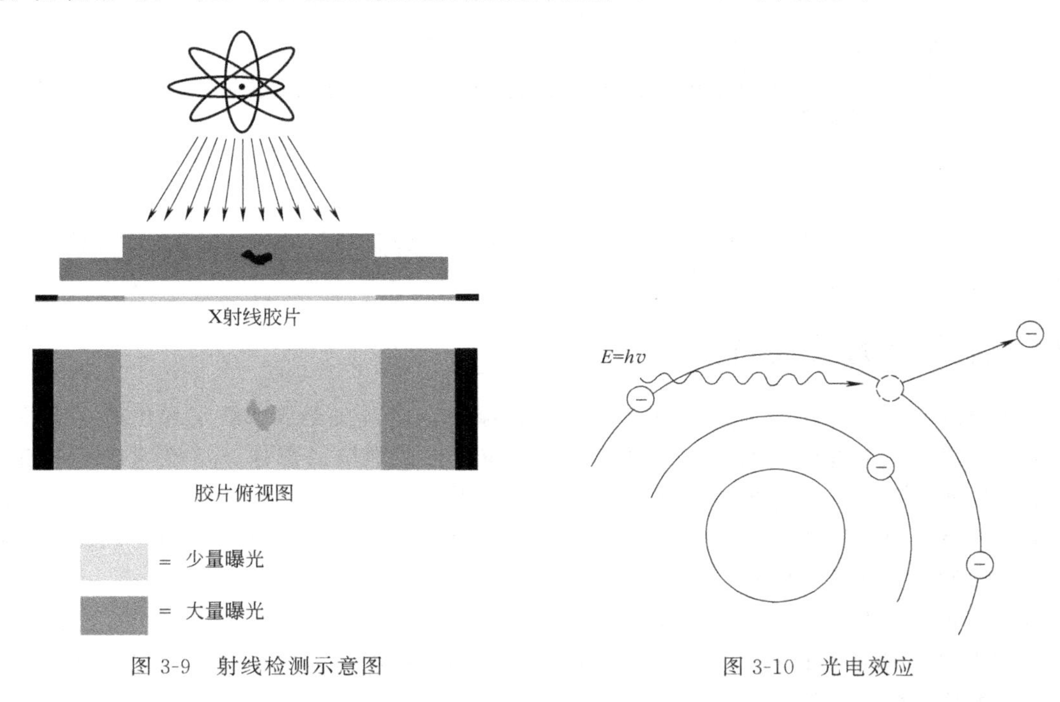

图 3-9 射线检测示意图

图 3-10 光电效应

3.7.1.2 康普顿效应

在康普顿效应（图 3-11）中，一个光子撞击一个电子时只释放出它的一部分能量，结果光子的能量减弱并在和射线初始方向成 θ 角的方向上散射，而电子则在和初始方向成 φ 角的方向上散射。这一过程同样服从能量守恒定律，即电子所具有的动能为入射光子和散射光子的能量之差，最后电子在物质中因电离原子而损失其能量。

在绝大多数的轻金属中，射线的能量大约在 0.2～3MeV 范围时，康普顿效应是极为重要的效应。康普顿效应随着射线能量的增加而减小，其大小也取决于物质中原子的电子数。在中等原子序数的物质中，射线的衰减主要是由康普顿效应引起，在射线防护时主要侧重于康普顿效应。

3.7.1.3 电子对的产生

一个具有足够能量的光子释放出它的全部动能而形成具有同样能量的一个负电子和一个正电子，这样的过程称为电子对的产生。产生电子对所需的最小能量为 0.51MeV，所以光子能量 $h\nu$ 必须大于等于 1.02MeV，如图 3-12 所示。

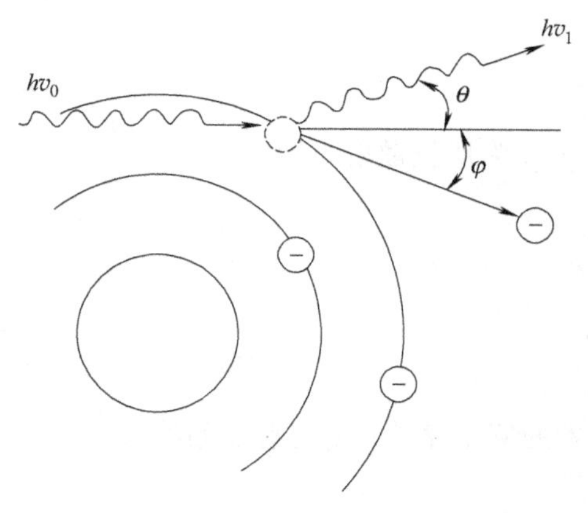

图 3-11 康普顿效应

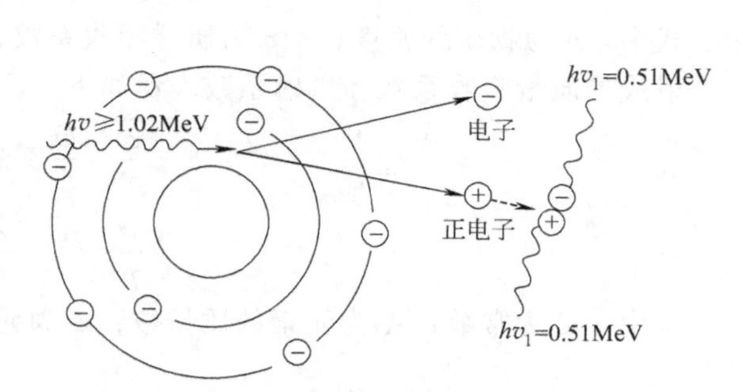

图 3-12 电子对的产生

光子的能量一部分用于产生电子对，一部分传递给电子和正电子作为动能，另一部分能量传给原子核。在物质中负电子和正电子都是通过原子的电离而损失动能，在消失过程中正电子和物质中的负电子相作用成为能量各为 0.51MeV 的两个光子，它们在物质中又可以通过光电效应和康普顿效应进一步相互作用。

由于产生电子对的能量条件要求不小于 1.02MeV，所以电子对的产生只有在高能射线中才是重要的过程。该过程正比于吸收体的原子序数的平方，所以高原子序数的物质电子对的产生也是重要的过程。

3.7.1.4 汤姆森效应

射线与物质中带电粒子相互作用，产生与入射波长相同的散射线的现象叫作汤姆森效应。这种散射线可以产生干涉，能量衰减十分微小，如图 3-13 所示。

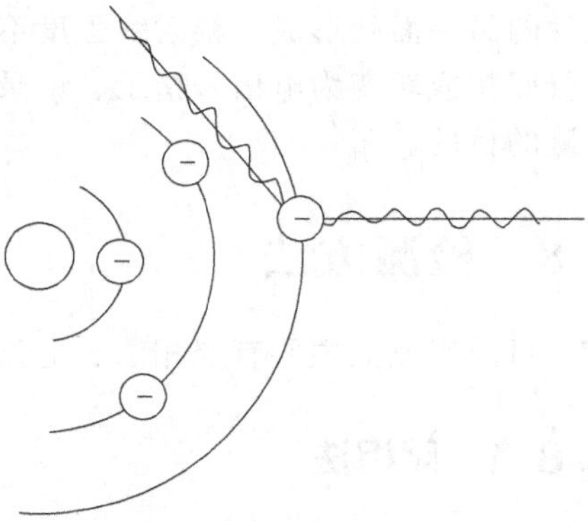

图 3-13 汤姆森效应

3.7.2 射线的衰减定律和衰减曲线

射线的衰减是由于射线光子与物体相互作用产生光电效应、康普顿效应、汤姆森效应或电子对的产生，使射线被吸收和散射而引起的。由此可知，物质愈厚，则射线穿透时的衰减程度也愈大。

射线衰减的程度不仅与透过物质的厚度有关，而且还与射线的性质（波长）、物体的性质（密度和原子序数）有关。一般来讲，射线的波长愈小，衰减愈小；物质的密度及原子序数愈大，衰减也愈大。但它们之间的关系并不是简单的直线关系，而是呈指数关系的衰减。

设入射线的初始强度为 I_0，通过物质的厚度为 d，射线能量的线衰减系数为 μ，那么射线在透过物质以后的强度 I_d 为

$$I_d = I_0 e^{-\mu d} \tag{3-3}$$

因为射线的衰减包括吸收和散射，所以射线的衰减系数 μ 是吸收系数 τ 和散射系数 σ 之和，即 $\mu = \tau + \sigma$。

由于物质密度愈大，射线在物质中传播时碰到的原子也愈多，因而射线衰减也愈大。为

便于比较起见，通常采用质量衰减系数，即

$$\frac{\mu}{\rho}=\frac{\tau}{\rho}+\frac{\sigma}{\rho} \tag{3-4}$$

式中，ρ 为物质的密度；τ/ρ 为质量吸收系数；σ/ρ 为质量散射系数。

射线的质量吸收系数和散射系数表示如下

$$\frac{\tau}{\rho}=\frac{C}{A}Z^{4}\lambda^{3} \tag{3-5}$$

$$\frac{\sigma}{\rho}=0.4\frac{Z}{A} \tag{3-6}$$

式中，C 为常数；A 为元素的质量数；Z 为元素的原子序数；λ 为射线的波长。

3.7.3 X射线检测的基本原理

X射线检测是利用X射线通过物质衰减程度与被通过部位的材质、厚度和缺陷的性质有关的特性，使胶片感光成黑度不同的图像来实现的。当一束强度为 I_0 的X射线平行通过被检测试件（厚度为 d）后，被测试件表面有高度为 h 的凸起时，则X射线强度将衰减为

$$I_h=I_0\mathrm{e}^{-\mu(d+h)} \tag{3-7}$$

如果在被测试件内，有一个厚度为 x、吸收系数为 μ' 的某种缺陷，则射线通过后，强度衰减为

$$I_x=I_0\mathrm{e}^{-[\mu(d-x)+\mu' x]} \tag{3-8}$$

若缺陷的吸收系数小于被测试件本身的线吸收系数，则 $I_x>I_d>I_h$，于是，在被检测试件的另一面就形成一幅射线强度不均匀的分布图。通过一定方式将这种不均匀的射线强度进行照相或转变为电信号指示、记录或显示，就可以评定被检测试件的内部质量，达到无损检测的目的。

3.8 检测方法

目前工业上主要有照相法、电离检测法，荧光屏直接观察法、电视观察法等方法。

3.8.1 照相法

照相法是将感光材料（胶片）置于被检测试件后面，来接收透过试件的不同强度的射线。因为胶片乳剂的摄影作用与感受到的射线强度有直接的关系，经过暗室处理后就会得到透照影像，根据影像的形状和黑度情况来评定材料中有无缺陷及缺陷的形状、大小和位置。

照相法灵敏度高，直观可靠，重复性好，是最常用的方法之一。

3.8.2 电离检测法

当射线透过气体时，与气体分子撞击，有的气体分子失去电子而电离，生成正离子，有的气体分子得到电子而生成负离子，此即气体的电离效应。气体的电离效应将产生电离电流，电离电流的大小与射线的强度有关。如果让透过试件的X射线再通过电离室进行射线强度的测量，便可以根据电离室内电离电流的大小来判断试件的完整性。

这种方法自动化程度高，成本低，但对缺陷性质的判别较困难。只适用于形状简单、表

面平整的工件，一般应用较少，但可制成专用设备。

3.8.3 荧光屏直接观察法

将透过试件的射线投射到涂有荧光物质（如 ZnS/CaS）的荧光屏上时，在荧光屏上会激发出不同程度的荧光来。荧光屏直接观察法是利用荧光屏上的可见影像直接辨认缺陷的检测方法。它具有成本低、效率高、可连续检测等优点，适应于形状简单、要求不严格的产品的检测。

3.8.4 电视观察法

电视观察法是荧光屏直接观察法的发展，就是将荧光屏上的可见影像通过光电倍增管增强图像，再通过电视设备显示。这种方法自动化程度高，可观察静态或动态情况，但检测灵敏度比照相法低，对形状复杂的零件检查较困难。

3.8.5 线阵列探测器

它由许多小型 X 射线灵敏元件组成，数量达 512～1024 个，甚至更多。当工件运动或线性二极管阵自身扫查时，各元件会测得 X 射线潜影强度的变化，经光导耦合与信号处理，从而形成缺陷的二维图像。然而，如果想获得较高分辨率，则会花费很长的测量时间。目前，这种方法还仅适用于加速电压在 150kV 以下产生的射线。

3.8.6 X 射线照相检测技术

3.8.6.1 照相法的灵敏度

灵敏度是指发现缺陷的能力，也是检测质量的标志。通常用两种方式表示：一是绝对灵敏度，是指在射线胶片上能发现被检测试件中与射线平行方向的最小缺陷尺寸；二是相对灵敏度，是指在射线胶片上能发现被检测试件中与射线平行方向的最小缺陷尺寸占试件厚度的百分数。若以 d 表示被检测试件的材料厚度，x 表示缺陷尺寸，则其相对灵敏度 K 如式（3-9）所示。

$$K=\frac{x}{d}\times 100\% \tag{3-9}$$

3.8.6.2 透度计

透度计又称像质指示器。在透视照相中，要评定缺陷的实际尺寸是困难的，因此，要用透度计来做参考比较。同时，还可以用透度计来鉴定照片的质量和作为改进透照工艺的依据。透度计要用与被透照工件材质吸收系数相同或相近的材料制成。常用的透度计主要有两种。

（1）槽式透度计

槽式透度计的基本设计是在平板上加工出一系列的矩形槽，其规格尺寸如图 3-14 所示。对不同厚度的工件照相，可分别采用不同型号的透度计。其灵敏度 k 如式（3-10）所示。

$$k=\frac{h}{d}\times 100\% \tag{3-10}$$

式中，k 为灵敏度；h 为最大缺陷深度；d 为透照工件部位的总厚度。

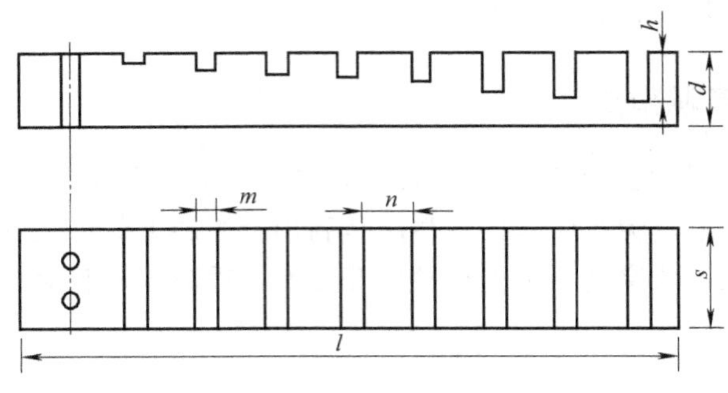

图 3-14　槽式透度计

（2）金属丝透度计

金属丝透度计是以一套（7～11 根）不同直径（0.1～4.0 mm）的金属丝均匀排列，粘合于两层塑料或薄橡皮中间而构成的。为区别透度计型号，在金属丝两端摆上与号数对应的铅字或铅点。金属丝一般分为两类，透照钢材时用钢丝透度计，透照铝合金或镁合金时用铝丝透度计。图 3-15 为金属丝透度计的结构示意图（图中 JB 表示“机械工业部标准”）。

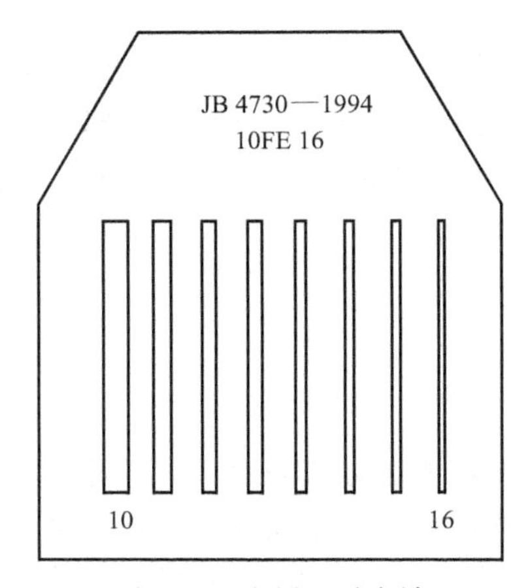

图 3-15　金属丝透度计

使用金属丝透度计时，应将其置于被透照工件的表面，并应使金属丝直径小的一侧远离射线束中心，这样可保证整个被透照区的灵敏度

$$k=\frac{\varphi}{d}100\% \tag{3-11}$$

式中，φ 为观察到的最小金属丝直径；d 为被透照工件部位的总厚度。

3.8.6.3　增感屏及增感方式的选择

由于 X 射线和 γ 射线波长短、硬度大，对胶片的感光效应差，一般透过胶片的射线，大约只有 1%左右能激发胶片中的银盐微粒感光。为了增加胶片的感光速度，利用某些增感物质在射线作用下能激发出荧光或产生次级射线，从而加强对胶片的感光作用。在射线透视照相中，所用的增感物质称为增感屏，其增感系数 K 用式（3-12）表示

$$K=\frac{\text{在摄影密度为 }D\text{ 时,无增感所需曝光量}}{\text{产生相同的摄影密度 }D\text{ 时,用增感屏所需曝光量}} \tag{3-12}$$

增感屏分为三种，分别为荧光增感屏、金属增感屏、金属荧光增感屏。

（1）荧光增感屏

荧光增感屏是利用荧光物质被射线激发产生荧光实现增感作用的，其结构如图 3-16 所示。它是将荧光物质均匀地涂布在质地均匀而光滑的支撑物（硬纸或塑料薄板等）上，再覆盖一层薄薄的透明保护层组合而成的。

（2）金属增感屏

金属增感屏在受射线照射时产生 β 射线和二次标识 X 射线对胶片起感光作用。其增感较小，一般只有 2～7 倍。金属屏的增感特性通常是，原子序数增加，增感系数上升，辐射波长愈短，增感作用越显著。但是原子序数越大，激发能量也要相应提高，如果射线能量不

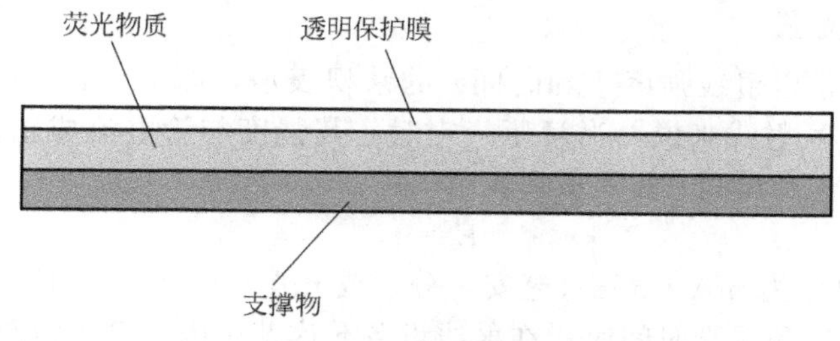

图 3-16 荧光增感屏

能使金属屏的原子电离或激发，则不起增感作用，相反还会吸收一部分软射线。如铅增感屏，当管电压低于 80 kV 时，则基本上无增感作用。在生产实践中，多采用铅、锡等原子序数较高的材料作金属增感屏，因为铅的压延性好，吸收散射线的能力强。

（3）金属荧光增感屏

金属荧光增感屏是在铅箔上涂一层荧光物质组合而成的，其结构如图 3-17 所示。它具有荧光增感的高增感系数，又有吸收散射线的作用。

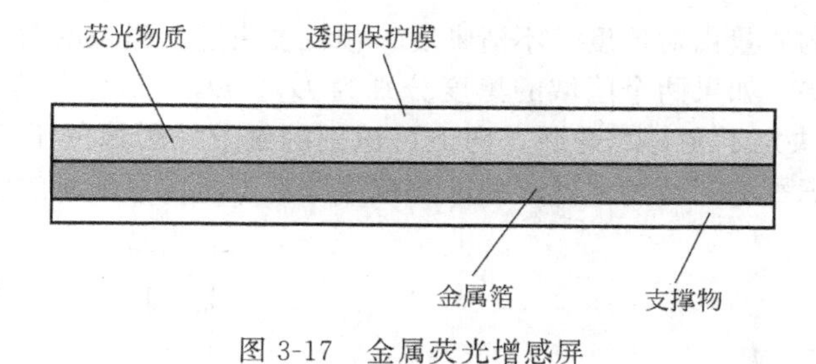

图 3-17 金属荧光增感屏

（4）增感方式的选择

增感方式的选择通常考虑三方面的因素：产品设计对检测的要求、射线能量和胶片类型。

3.8.7 曝光参数的选择

3.8.7.1 射线的硬度

射线硬度是指射线的穿透力，由射线的波长决定。波长越短硬度越大，则穿透力就越强，对某一物质即具有较小的吸收系数。X 射线波长的长短由管电压所决定，管电压愈高，波长愈短。射线硬度对透照胶片影像的质量有很大关系。因此，选择射线的硬度尤为重要。例如：当一束强度为 I_0 的射线，通过被透照厚度为 d 的物体后，其强度将衰减为 I_d；通过一厚度为 x 的缺陷后，其强度为 I_x。I_x/I_d 称为对比度或主因衬度

$$\frac{I_x}{I_d} \approx e^{\mu x} \tag{3-13}$$

式中，μ 为材料的衰减系数。

在工业射线透照中，总是希望胶片上的影像衬度尽可能高，以保证检测质量。因此，射线硬度尽可能选软些。但是，如果希望在材料的厚薄相邻部分一次曝光，则要选用较硬的射线。

为了提高某些低原子序数、低密度和薄壁材料的检测灵敏度，应采用软射线，即低能 X 射线照相法。通常将 60～150kV 定为中等硬度 X 射线，60kV 以下定为软 X 射线。

3.8.7.2 射线的曝光量

射线的曝光量通常以射线强度 I 和时间 t 的乘积表示，即 $E=It$，E 的单位为 mCi・h（毫居里・小时）。对 X 射线来说，当管压一定时，其强度与管电流成正比。因此 X 射线的曝光量通常用管电流 i 和时间 t 的乘积来表示。

$$E=it \tag{3-14}$$

X 射线中 E 的单位为 mA・min（毫安・分）或 mA・s（毫安・秒）。

一般在选用管电流和曝光时间时，在射线设备允许范围内，管电流总是取得大些，以缩短曝光时间并减少散射线的影响。

此外，X 射线从窗口呈直线锥体辐射，在空间各点的分布强度与该点到焦点的距离的平方成反比

$$\frac{I_1}{I_2}=\frac{(L_2)^2}{(L_1)^2} \tag{3-15}$$

式中，各参数意义如图 3-18 所示。

3.8.7.3 射线照相对比度

射线照片上影像的质量由对比度、不清晰度、颗粒度决定。影像的对比度是指射线照片上两个相邻区域的黑度差。如果两个区域的黑度分别为 D_1、D_2，则它们的对比度为：$\Delta D=D_1-D_2$。影像的对比度决定了在射线透照方向上可识别的细节，影像的不清晰度决定了在垂直于射线透照方向上可识别的细节尺寸，影像的颗粒度决定了影像可记录的细节最小尺寸。

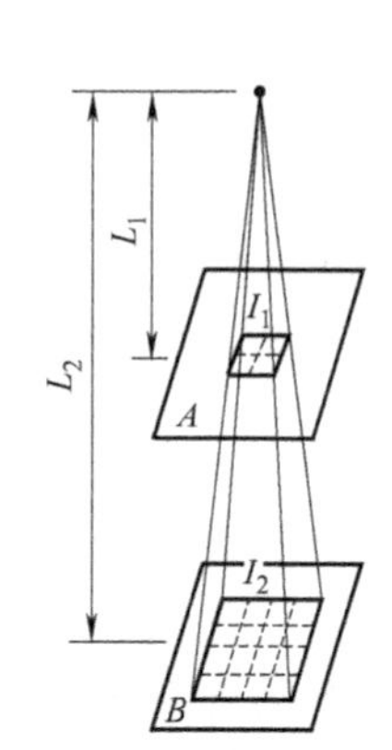

图 3-18 曝光距离与射线强度的关系

L_1—射线源至 A 的距离；L_2—射线源至 B 的距离；

I_1、I_2—射线在空间 A 和 B 各点的分布强度

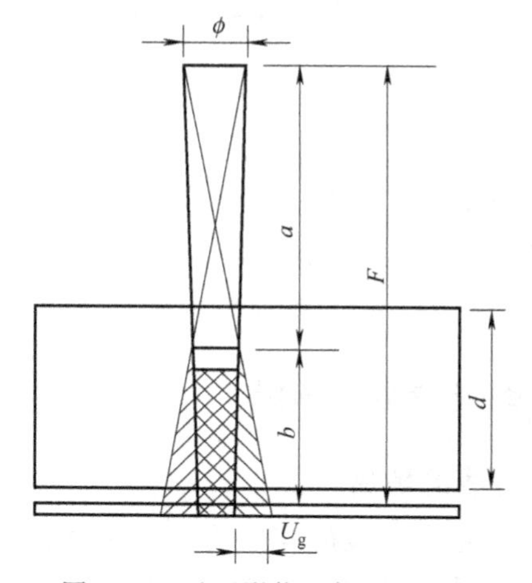

图 3-19 透照影像几何不清晰度

3.8.7.4 焦距的选择

焦距是指从放射源（焦点）至胶片的距离。焦距选择与射线源的几何尺寸和试件厚度有关。由于射线源有一定的几何尺寸，从而产生几何不清晰度 U_g，如图 3-19 所示。由相似三角形关系，可以求出

$$U_g=\frac{\phi \cdot b}{F-b} \tag{3-16}$$

式中，ϕ 为射线源的几何尺寸；F 为焦点至胶片的距离；b 为缺陷至胶片的距离。

为了减小几何不清晰度，胶片都应尽可能紧靠试件，焦距越大越好。但焦距增大，使曝光时间急剧增加或者提高 X 射线管电压。为了保证底片的影像质量和缩短曝光时间，在满足几何不清晰度要求下，焦距应尽可能减小。

3.8.7.5 曝光曲线

影响透照灵敏度的因素很多，主要有 X 射线探伤机的性能，胶片质量及其暗室处理条件，增感屏的选用，散射线的防护，被检部件的材质、形状与几何尺寸，缺陷的尺寸、方位、形状和性质，X 射线探伤机的管电压、管电流，检测过程中曝光时间和焦距等参数的选择等。

在上述诸因素中，通常只选择工件厚度、管电压、管电流和曝光量作为可变参量，其他条件则相应相对固定。根据具体条件所作出的工件厚度、管电压和曝光量之间的相互关系曲线，是正确制定射线检测工艺的依据，这种关系曲线叫曝光曲线。

(1) 不同管电压下，材料厚度与曝光量的关系曲线

材料厚度 d 与曝光量 x 的关系。

$$x=\mu d+C \tag{3-17}$$

式中，μ 为吸收系数；通常为常数；C 为常数。

由式 (3-17) 可知 x 与 d 呈线性关系。若以 x 为纵轴，d 为横轴，当焦距一定时，则给定一个厚度 d，对应于某一管电压可以求得一个 x 值。图 3-20 为材料厚度、曝光量和管电压的关系曲线，通过此表可确定曝光的工艺参数。

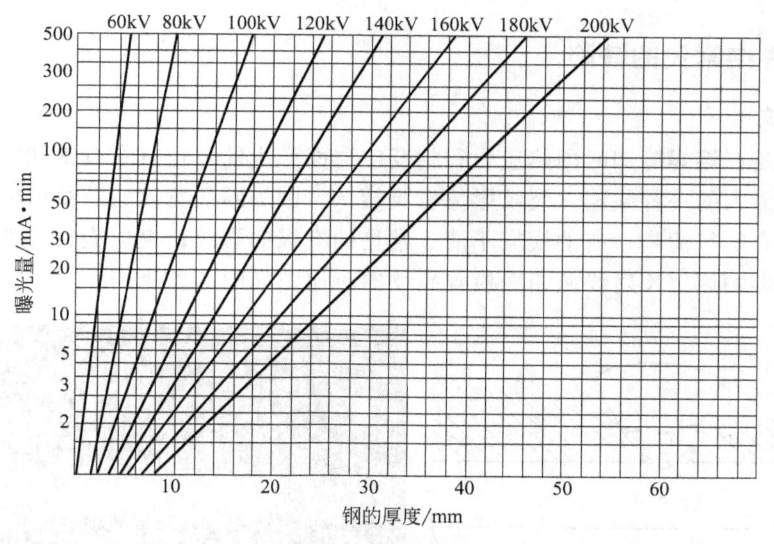

图 3-20 材料厚度、曝光量和管电压的关系曲线

(2) 不同焦距下，材料厚度与管电压的关系

根据式 (3-17)，由于底片黑度要求一定，所以 x 为一常数，如果被透照的材料固定，则 d 增大时 μ 必须减小。根据式 (3-1) 和式 (3-9) 知，管电压要相应增大

$$\lambda \sim \frac{1}{U} \tag{3-18}$$

式中，λ 为射线的波长；U 为管电压。

若以材料厚度 d 为横轴，管电压 U 为纵轴，则在一定焦距下的厚度所对应的管电压可以连成一条曲线，如图 3-21 所示。

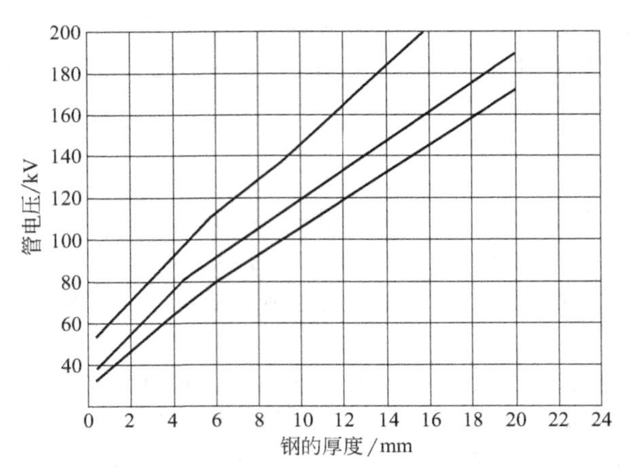

图 3-21　材料厚度与管电压的关系曲线

(3) 等效系数

两块不同厚度的不同材料在入射强度为 I_0 的射线源照射下，若得到相同的出射强度 I_x，则称二者为“等效”。它们的厚度之比称为材料的“等效系数”。根据等效系数的定义，可以从一条常用材料的曝光曲线上查出另一种材料的等效厚度所对应的管电压。

3.9　常见缺陷及其影像特征

3.9.1　焊件中常见的缺陷

3.9.1.1　裂纹

裂纹主要是在熔焊冷却时因热应力和相变应力而产生的，也有在校正和疲劳过程中产生的，是危险性最大的一种缺陷。裂纹影像较难辨认。因为断裂宽度、裂纹取向、断裂深度不同，使其影像有的较清晰，有的模糊不清。常见的有纵向裂纹、横向裂纹和弧坑裂纹，分布在焊缝上或热影响区。X 射线照相法检查裂纹的对比图如图 3-22 所示。

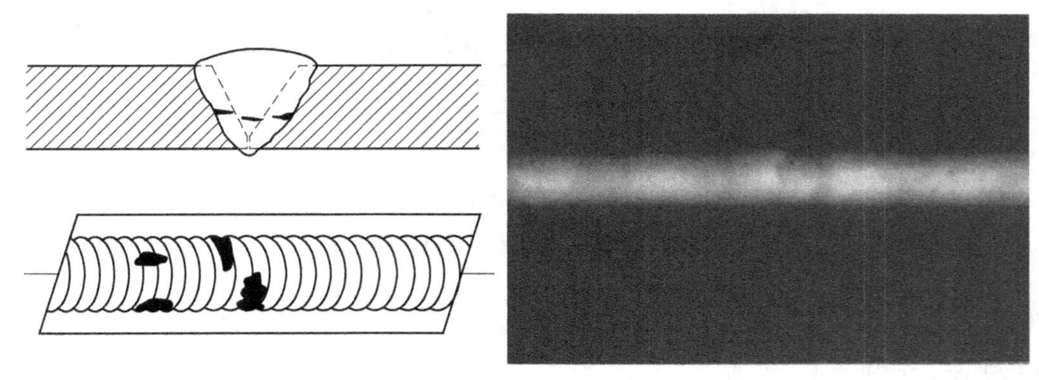

图 3-22　照相法检查裂纹的示意图

3.9.1.2　未焊透

未焊透是熔焊金属与基体材料没有熔合为一体且有一定间隙的一种缺陷。在胶片上的影像特征是连续或断续的黑线，黑线的位置与两基体材料相对接的位置间隙一致。图 3-23 是对接焊缝的未焊透照片。

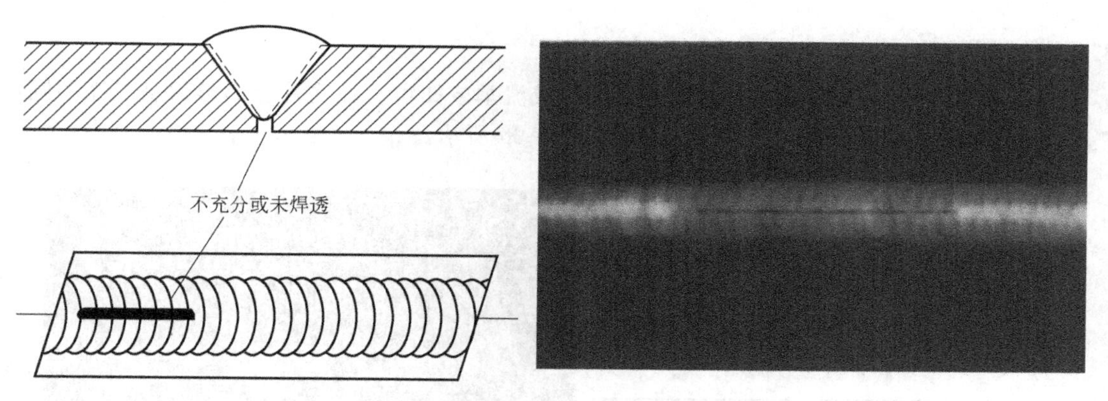

图 3-23 照相法检查未焊透的示意图

3.9.1.3 气孔

气孔是在熔焊时部分空气停留在金属内部而形成的缺陷。气孔在底片上的影像一般呈圆形或椭圆形，也有不规则形状的，以单个、多个密集或链状的形式分布在焊缝上。在底片上的影像轮廓清晰，边缘圆滑，如气孔较大，还可看到其黑度中心部分较边缘要深一些，如图 3-24 所示。

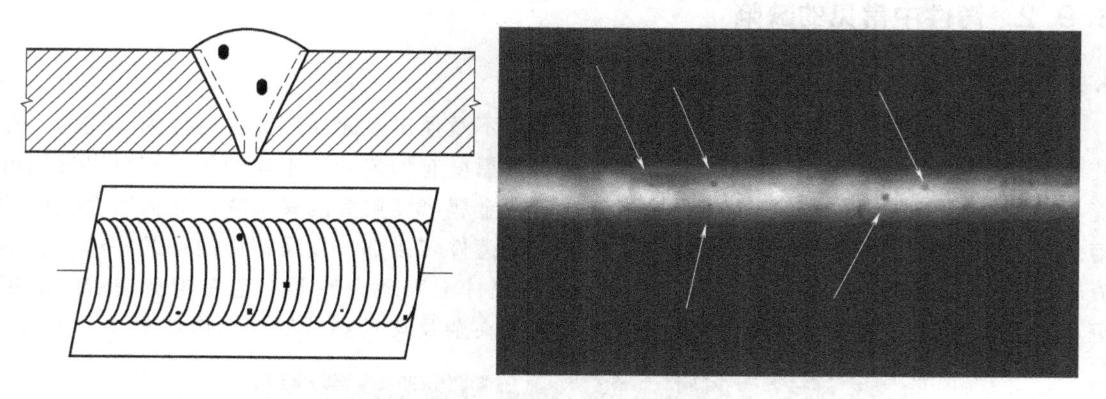

图 3-24 照相法检查气孔的示意图

3.9.1.4 夹渣

夹渣是在熔焊时所产生的金属氧化物或非金属夹杂物，因来不及浮出表面，停留在焊缝内部而形成的缺陷。在底片上其影像是不规则的，呈圆形、块状或链状等，边缘没有气孔，圆滑清晰，有时带棱角，如图 3-25 所示。

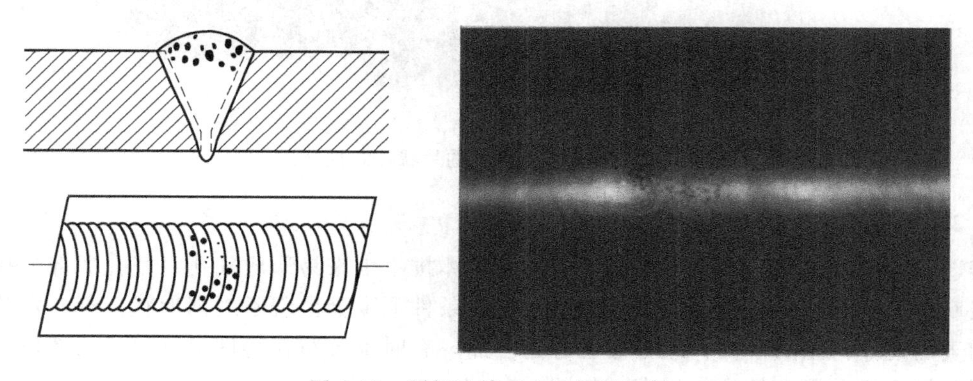

图 3-25 照相法检查夹渣的示意图

3.9.1.5 烧穿

在焊缝的局部，因热量过大而被熔穿，形成流垂或凹坑。在底片上的影像呈光亮的圆形（流垂）或呈边缘较清晰的黑块（凹坑），如图 3-26 所示。

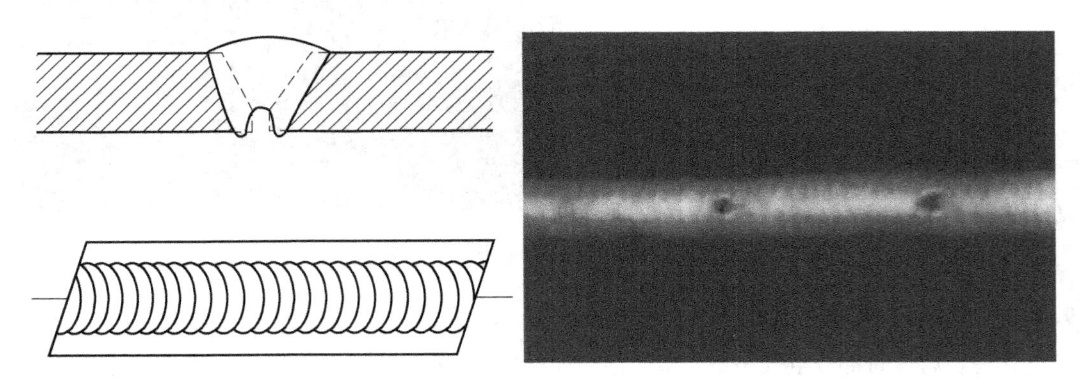

图 3-26 照相法检查烧穿的示意图

3.9.2 铸件中常见的缺陷

3.9.2.1 夹杂

夹杂是金属熔化过程中的熔渣或氧化物，因来不及浮出表面而停留在铸件内形成的。在胶片上的影像有球状、块状或其他不规则形状。其黑度有均匀的和不均匀的，有时出现的可能不是黑块而是亮块，这是因为铸件中夹有比铸造金属密度更大的夹杂物，如铸镁合金中的熔剂夹渣。铸镁合金中的夹杂多分布在铸件表面或铸件转接部分以及铸件内部的各部分。夹渣表面通常是粗糙而形状不规则的孔洞，在 X 光底片上表现为外形不定而轮廓较清晰的黑斑，其摄影密度深浅不一，有块状或片状连续性。夹杂及其 X 射线照相图像如图 3-27 所示。

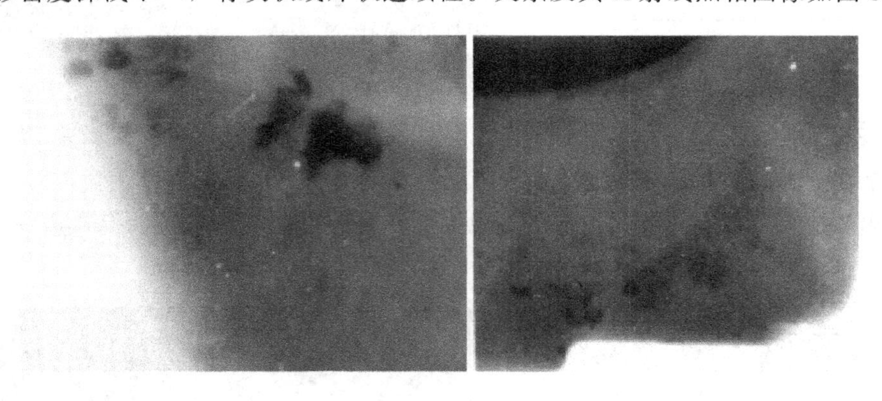

图 3-27 镁合金铸件中的片状连续性夹渣

3.9.2.2 气孔

铸造过程中，铸件内部含有气体，而这些气体排不出来易形成气孔。气孔大部分接近表面，在底片上的影像一般呈圆形或椭圆形，特殊条件下也会呈现不规则形状。气孔常分布在铸件的表面或靠铸型的一面，或者靠型芯的一面，有时也分布在铸件出气冒口的部位。一般中心部分较边缘稍黑，轮廓较清晰，如图 3-28 所示。

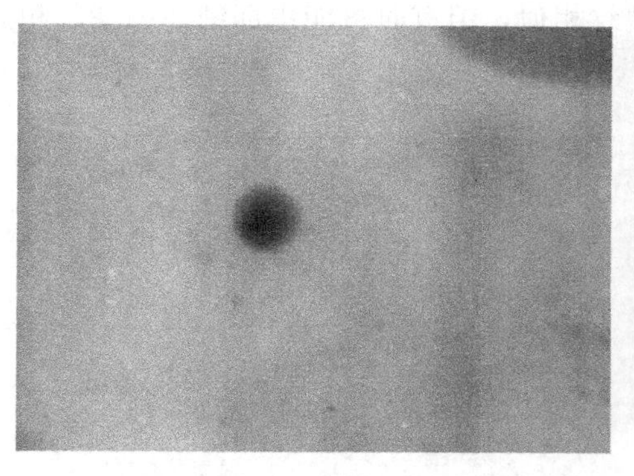
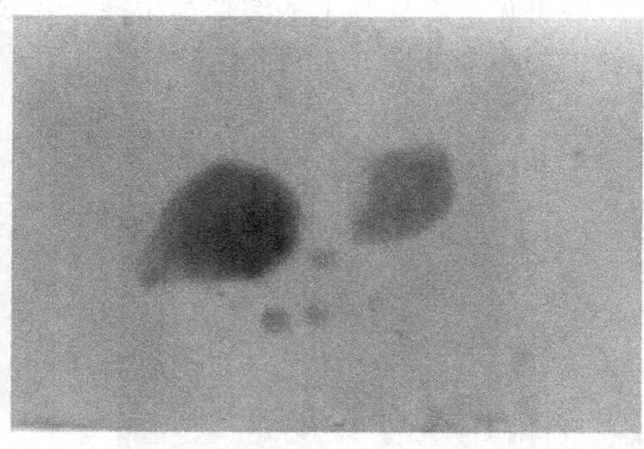

图 3-28 镁合金铸件中的圆形气泡和梨形气孔

3.9.2.3 夹砂

浇铸前或浇铸过程中铸型被局部破坏导致掉砂，砂粒或砂团被金属液卷入型腔并在金属液凝固前来不及沉淀而留在铸件内部。由于砂粒或砂团的主要成分是 SiO_2，其密度大于镁的密度，所以在 X 光底片上呈白色的颗粒影像。镁合金铸件中的夹砂如图 3-29 所示。

3.9.2.4 疏松

浇铸时局部温差过大，在金属收缩过程中邻近金属补缩不良，将产生疏松。疏松多产生在铸件的冒口根部、厚大部位、厚薄交界处和具有大面积的薄壁处。在 X 光底片上呈现为黑色条状纹路或黑色云状斑块，其摄影密度不大，边缘不规则且不大明显，如图 3-30 所示。

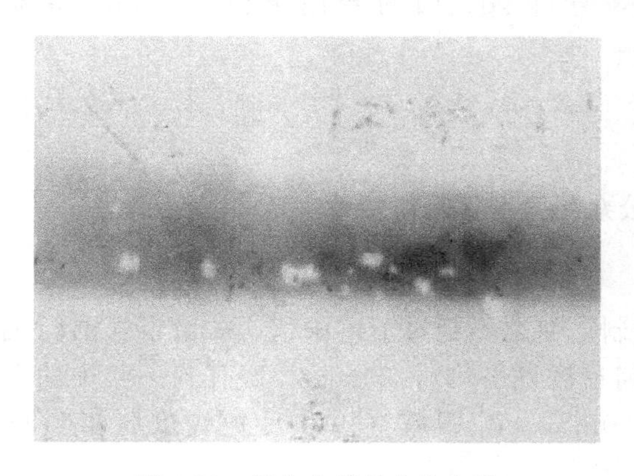

图 3-29 镁合金铸件中的夹砂

图 3-30 镁合金铸件中的条状疏松

3.9.2.5 裂纹

在 X 光底片上呈现为黑色小树枝条，有单条或多条，一般出现在铸件厚薄交界处或冷热交界的缝隙内，分为热裂和冷裂。热裂由于存在严重氧化，其裂开处呈暗灰色，严重的呈黑色。金属型铸零件凸台部位的根部也容易产生裂纹，它们都是因为收缩受阻或分型过早，或取型不平稳等原因所造成。

冷裂可以出现在铸件的任何部位，其产生原因多为铸件被敲打、摔击以及内应力集中，如图 3-31 所示。

3.9.2.6 冷隔

冷隔通常因铸造温度偏低造成，一般分布在较大平面的薄壁上或厚壁过渡区，铸件清理后有时肉眼可见。在底片上的影像呈黑线，与裂纹相似，但有时可能中部细而两端较粗。镁合金铸件中的冷隔如图 3-32 所示。

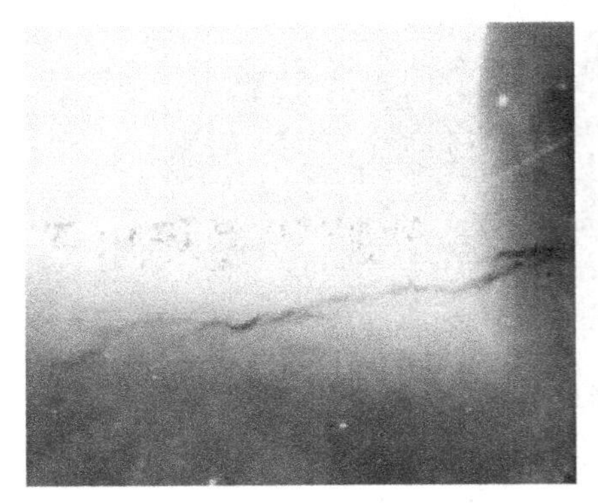

图 3-31　镁合金铸件中的冷裂纹

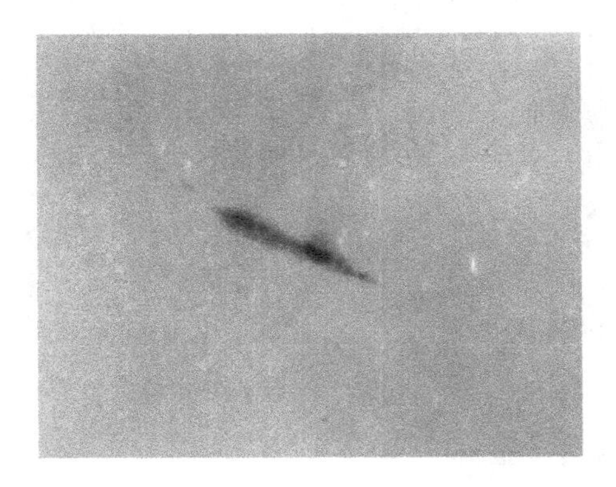

图 3-32　镁合金铸件中的冷隔

3.10　射线的剂量限值及防护方法

射线防护是通过采取适当措施，减少射线对工作人员和其他人员的照射剂量，从各方面把射线剂量控制在国家规定的允许剂量标准以下，以避免超剂量照射和减少射线对人体的影响。根据 GB 18771—2002《电离辐射防护与辐射源安全基本标准》的规定，确定了照射剂量限值。

计量国际制单位为 Sv（希沃特），1Sv＝1J/kg。旧的专用单位为 rem（雷姆），1Sv＝100rem。

3.10.1　照射剂量限值

照射剂量通常分为职业照射剂量限值、公众照射剂量限值两种。

3.10.1.1　职业照射剂量限值

① 应对任何工作人员的职业水平进行控制，使之不超过下述限值。a. 由审管部门决定的连续 5 年的年平均有效剂量（但不可作任何追溯性平均）：20mSv。b. 任何一年中的有效剂量：50mSv。c. 眼晶体的年当量剂量：150mSv。d. 四肢（手和足）或皮肤年当量剂量：500mSv。

② 对于年龄为 16～18 岁接受涉及辐射照射就业培训的徒工和年龄为 16～18 岁在学习过程中需要使用放射源的学生，应控制其职业照射使之不超过下述限值。a. 年有效剂量：6mSv。b. 眼晶体的年剂量：50mSv。c. 四肢或皮肤的年当量剂量：150mSv。

③ 特殊情况照射：a. 依照审管部门的规定，可将剂量平均期由 5 个连续年延长到 10 个连续年；在此期间内，任何工作人员所接受的平均有效剂量不应超过 20mSv，任何单一年份不应超过 50mSv；此外，当任何一个工作人员自此延长平均期开始以来所接受的剂量累计达到 100mSv 时，应对这种情况进行审查。b. 剂量限制的临时变更应遵循审管部门的规定，但任何一年内不得超过 50mSv，临时变更的期限不得超过 5 年。

3.10.1.2　公众照射剂量限值

a. 年有效剂量：1mSv。b. 特殊情况下如果 5 个连续年的平均剂量不超过 1mSv，则某一单一年份的有效剂量可提高到 5mSv。c. 眼晶体的年当量剂量：15mSv。d. 四肢（手和足）或皮肤年当量剂量：50mSv。

3.10.2 射线防护方法

射线防护主要有屏蔽防护、距离防护和时间防护三种防护方法。

3.10.2.1 屏蔽防护法

屏蔽防护法是利用各种屏蔽物体吸收射线，以减少射线对人体的伤害，这是外照射防护的主要方法。一般根据 X 射线、γ 射线与屏蔽物的相互作用来选择防护材料，屏蔽 X 射线和 γ 射线以密度大的物质为好，如贫化铀、铅、铁、重混凝土、铅玻璃等都可以用作防护材料。但从经济、方便出发，也可采用普通材料如混凝土、岩石、砖、土、水等。

3.10.2.2 距离防护法

距离防护在进行野外或流动性射线检测时是非常经济有效的方法。这是因为射线的剂量率与距离的平方成反比，增加距离可显著地降低射线的剂量率。若离放射源的距离为 R_1 处的剂量率为 P_1，在另一径向距离为 R_2 处的剂量率为 P_2，则它们的关系为

$$P_2=P_1\frac{R_1^2}{R_2^2} \tag{3-19}$$

显然，增大 R_2 可有效地降低剂量率 P_2，在无防护或防护层不够时，这是一种特别有用的防护方法。

3.10.2.3 时间防护法

时间防护是指让工作人员尽可能地减少接触射线的时间，以保证检测人员在任一天都不超过国家规定的最大允许剂量当量（0.17mSv）。

人体接受的总剂量 D 为

$$D=Pt \tag{3-20}$$

式中，P 为人体接收到的射线剂量率；t 为接触射线的时间。

由此可见，缩短与射线接触时间 t 亦可达到防护目的。如每周每人控制在最大容许剂量 0.1rem 以内时，则应有 $D\leqslant 0.1$rem；如果人体在每透照一次时所接受到的射线剂量为 P' 时，则控制每周内的透照次数 $N\leqslant 0.1P'$，亦可以达到防护的目的。

3.10.2.4 中子防护

（1）减速剂的选择

快中子减速作用主要依靠中子和原子核的弹性碰撞，因此较好的中子减速剂是原子序数低的元素，如氢、水、石蜡等含氢多的物质，它们作为减速剂使用减速效果好，价格便宜，是比较理想的防护材料。

（2）吸收剂的选择

对于吸收剂要求它在俘获慢中子时放出来的射线能量要小，而且对中子是易吸收的。锂和硼较为适合，因为它们对热中子吸收截面大，分别为 71barn（靶）和 759barn，锂俘获中子时放出 γ 射线很少，可以忽略，而硼俘获的中子 95%放出 0.7MeV 的软 γ 射线，比较易吸收，因此常选含硼物或硼砂、硼酸作吸收剂。

在设置中子防护层时，总是把减速剂和吸收剂同时考虑；如用2%的硼砂（质量分数，下同）、石蜡、砖或装有2%硼酸水溶液的玻璃（或有机玻璃）水箱堆置即可，特别要注意防止中子产生泄漏。

3.11 典型工件的透照方向选择

根据不同工件形状和要求，合理地选定透照方向，对检测效果有很大的影响。

3.11.1 外透法

胶片在内，射线由外向里照射，适用于大的圆筒状工件。如果周围都要检查时，则分段转换曝光。所分的段数主要是根据管径的大小、壁薄以及焦距而定。在分段透照中，相邻胶片应重叠搭接，重叠的长度一般为10～20mm，以免漏检，如图3-33所示。

3.11.2 内透法

胶片在外，射线由里向外照射，特别适用于壁厚大而直径小的管子，一般采用棒阳极的X射线管较好，如图3-33所示。

图3-33 内透法、外透法示意图

3.11.3 双壁双影法

对于直径小而管内不能贴胶片的管件，可将胶片放在管件下面，射线源在上方透照。为了使上下焊缝投影不重叠，则X射线照射的方向应该有一个适当的倾斜角。对于射线方向与焊缝纵断面的夹角应区别不同的情况分别加以控制。

3.11.4 双壁单影法

在管径较大的情况下，为了不使上层的管壁中的缺陷影像影响到下层管壁中所要检查的缺陷，可采用双壁单影法。双壁单影法是通过缩小焦距的办法，使X射线管接近上层管壁。这样可使上层管壁中的缺陷在底片的影像变得模糊。如有可能，X射线管可和被检管相接触，使射线穿过焊缝附近的母材金属。胶片应放在远离射线源一侧被检部位的外表面上，并注意紧贴。

第4章 涡流检测

利用电磁感应原理，通过测定被检工件内感生涡流的变化来无损地评定导电材料及其工件的某些性能或发现缺陷的无损检测方法称为涡流检测。在工业生产中，涡流检测是控制各种金属材料及少数非金属导电材料（如石墨、碳纤维复合材料等）及其产品品质的主要手段之一。与其他无损检测方法相比，涡流检测等容易实现自动化，特别是对管、棒和线材等型材有着很高的检测效率。

4.1 涡流检测的基本原理

涡流检测的原理是电磁转换原理，主要表现形式为麦克斯韦方程组。它是英国物理学家麦克斯韦在19世纪建立的描述电场与磁场的四个基本方程。方程组的微分形式，通常称为麦克斯韦方程。在麦克斯韦方程组中，电场和磁场已经成为一个不可分割的整体。该方程组系统而完整地概括了电磁场的基本规律，并预言了电磁波的存在。麦克斯韦提出的涡旋电场和位移电流假说的核心思想是：变化的磁场可以激发涡旋电场，变化的电场可以激发涡旋磁场；电场和磁场不是彼此孤立的，它们相互联系、相互激发组成一个统一的电磁场。麦克斯韦进一步将电场和磁场的所有规律综合起来，建立了完整的电磁场理论体系，这个电磁场理论体系的核心就是麦克斯韦方程组。

当载有交变电流的检测线圈靠近导电工件时，由于线圈磁场的作用，工件中将会感生出涡流（其大小等参数与工件中的缺陷等有关），而涡流产生的反作用磁场又将使检测线圈的阻抗发生变化。因此，在工件形状尺寸及探测距离等固定的条件下，通过测定探测线圈阻抗的变化，可以判断被测工件有无缺陷存在，如图4-1所示。

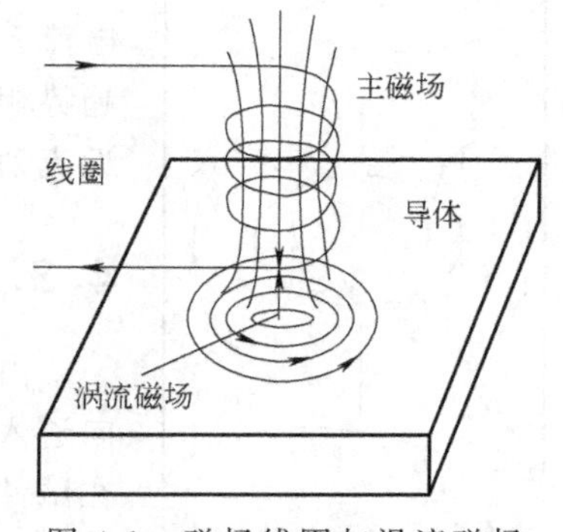

图4-1 磁场线圈与涡流磁场

4.2 涡流检测的特点

4.2.1 优点

① 对导电材料表面和近表面缺陷的检测灵敏度较高。

② 应用范围广，对影响感生涡流特性的各种物理和工艺因素均能实施检测。

③ 检测速度高，对于对称性工件能实现高速自动化检测（目前自动化涡流检测的速度已经能达到每分钟350m甚至更高）并可实现永久性记录等。

④ 检测成本低，操作简便（不需要特别熟练的操作者），探头与被检工件可以不接触，不需要耦合介质。

⑤ 结果直观显示，检测时可以同时得到电信号直接输出指示的结果，也可以实现屏幕显示。

4.2.2 缺点

涡流检测的缺点是只适用于导电材料，难以用于形状复杂的试件。由于透入深度的限制，只能检测薄壁试件或工件的表面、近表面缺陷（对于钢而言，目前涡流检测的一般透入深度只能达到3～5mm），检测结果不直观，需要参考标准，根据检测结果还难以判别缺陷的种类、性质以及形状、尺寸等。涡流检测时受干扰影响的因素较多，例如工件的电导率或磁导率不均匀、试件的温度、试件的几何形状以及提离效应、边缘效应等都能对检测结果产生影响，以致产生误显示或伪显示等。

4.3 涡流的趋肤效应和渗透深度

4.3.1 趋肤效应

当交变电流通过导线时，电流密度在导线横截面上的分布是不均匀的，并随着电流变化频率的升高，电流将越来越集中于导线的表面附近，导线内部的电流却越来越小，这种现象称为趋肤效应。

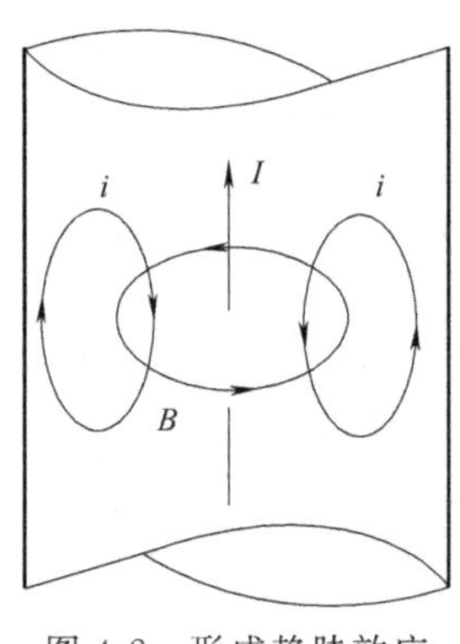

图 4-2 形成趋肤效应的示意图

引起趋肤效应的原因就是涡流。涡流 i 的方向在导体内部总与电流 I 变化趋势相反，阻碍 I 变化，在导体表面附近，却与 I 变化趋势相同。交变电流不易在导体内部流动，而易于在导体表面附近流动，形成趋肤效应，如图4-2所示。

4.3.2 渗透深度

由于趋肤效应的存在，涡流只能集聚在试件表面，随深度方向透入的涡电流按指数幂函数的规律减小。在实际应用中，涡流在试件上的透入深度是指在该深度处的涡流密度为试件表面涡流密度的 $1/e$（即37%左右）时的深度。

透入深度与频率、电导率和磁导率之间的关系可表达为

$$\delta=\frac{503}{\sqrt{f\cdot\mu_r\cdot\gamma}} \tag{4-1}$$

式中，δ 为试件上的涡流透入深度 m；f 为激励电流的频率，Hz；μ_r 为相对磁导率；γ 为电导率，S/m。

渗透深度是反应涡流密度分布与被检材料的电导率、磁导率以及激励频率之间基本关系

的特征值。由式（4-1）可见，f、μ_r 和 γ 越大，则 δ 越小。由此可见，对于给定的被检材料，应根据检测深度的要求合理选择涡流检测频率。

由于被检工件表面以下 3δ 处的涡流密度仅约为其表面密度的 5%，因此通常将 3δ 作为实际涡流探伤能够达到的极限深度。

此外，激励电流与反作用电流（涡流在线圈中的感生电流）之间存在的相位差与试件有关，因此也是检测试件状态的一个重要信息。

4.4 电磁感应现象

4.4.1 电磁感应

当穿过闭合导电回路所包围面积的磁通量发生变化时，回路中就会产生感应电流，这种现象叫作电磁感应现象。回路中产生的感应电动势 E_i 等于所包围面积中磁通量 ϕ 随时间变化的负值

$$E_i=-\frac{d\phi}{dt} \tag{4-2}$$

式中，负值表明闭合回路中感应电流所产生的磁场总是阻碍产生感应电流的磁通的变化，这个方程称为法拉第电磁感应定律。此方程用于一个绕有 N 匝线圈的磁铁，所得感应电动势表示为

$$E_i=-N\frac{\mathrm{d}\phi}{\mathrm{d}t}=-\frac{\mathrm{d}(N\phi)}{\mathrm{d}t} \tag{4-3}$$

式中，E_i 为电动势，V；N 为匝数；ϕ 为磁通量，Wb；t 为时间 s。

4.4.2 自感

当线圈中通以交变电流 I 时，其所产生的交变磁通量也将在本线圈中产生感应电动势，此现象称为自感现象，产生的感应电动势称为自感电动势 E_L

$$E_L=-\frac{\mathrm{d}\Phi}{\mathrm{d}t}=-\left(L\frac{\mathrm{d}I}{\mathrm{d}t}+I\frac{\mathrm{d}L}{\mathrm{d}t}\right) \tag{4-4}$$

式中，L 为自感系数，H，通常为恒值，即$\frac{\mathrm{d}L}{\mathrm{d}t}=0$。

4.4.3 互感

当两个线圈相互靠近，线圈中分别流过交变电流 I_1 和 I_2 的情况下，由线圈 1 中电流 I_1 所引起的变化的磁场通过线圈 2 时会在线圈 2 中产生感应电动势，如式（4-5）所示。同样，线圈 2 中电流 I_2 所引起的变化的磁场通过线圈 1 时会在线圈 1 中产生感应电动势，如式（4-6）所示。这种两个载流线圈相互激起感应电动势的现象称为互感现象，所产生的感应电动势称为互感电动势。在线圈 2 和在线圈 1 中产生的感应电动势中，互感系数 M 相等，且仅与两个线圈的形状、大小、匝数、相对位置及周围的磁介质有关。

$$E_{21}=-M\frac{\mathrm{d}I_1}{\mathrm{d}t} \tag{4-5}$$

$$E_{12}=-M\frac{\mathrm{d}I_2}{\mathrm{d}t} \tag{4-6}$$

4.5 涡流检测的阻抗分析法

涡流检测过程中，线圈耦合的电路如图 4-3 所示，图中 M 为互感系数，L_1 和 L_2 分别为线圈 1 和线圈 2 的自感系数。线圈 1 中的电流 i_1，通过互感将在线圈 2 中产生电流 i_2。

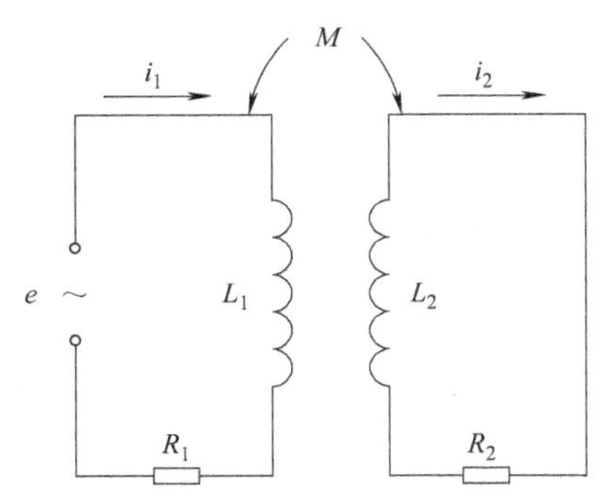

图 4-3 线圈耦合电路示意图

4.5.1 检测线圈的阻抗和阻抗归一化

4.5.1.1 检测线圈的阻抗

设通以交变电流的检测线圈（初级线圈）的自身阻抗为 Z_0，其中忽略了容抗，则

$$Z_0=R_1+jX_1=R_1+j\omega L_1 \tag{4-7}$$

当初级线圈与次级线圈（被检对象）相互耦合时，由于互感的作用，闭合的次级线圈中会产生感应电流，而这个电流反过来又会影响初级线圈中的电压和电流。这种影响可以用次级线圈电路阻抗通过互感 M 反映到初级线圈电路的折合阻抗来体现，折合阻抗 Z_e

$$Z_e=R_e+jX_e=\frac{X_M^2}{R_2^2+X_2^2}R_2-j\frac{X_M^2}{R_2^2+X_2^2}X_2 \tag{4-8}$$

式中，R_e 为折合电阻；X_e 为视在感抗；X_M 为互感抗。

将次级线圈的折合阻抗与初级线圈自身的阻抗的和称为初级线圈的视在阻抗 Z_s，即

$$Z_s=R_s+jX_s=R_1+R_e+j(X_1+X_e) \tag{4-9}$$

式中，R_s 为视在电阻；X_s 为视在感抗。

应用视在阻抗的概念，就可认为初级线圈电路中电流和电压的变化是由于它的视在阻抗的变化引起的，而据此就可以得知次级线圈对初级线圈的效应，从而可以推知次级线圈电路中阻抗的变化。

4.5.1.2 阻抗归一化

图 4-4 所示的阻抗平面图虽然比较直观，但半圆形曲线在阻抗平面图上的位置与初级线圈自身的阻抗以及两个线圈自身的电感和互感有关。另外，半圆的半径不仅受到上述因素的影响，还随频率的不同而变化。这样，如果要对每个阻抗值不同的初级线圈的视在阻抗，或对频率不同的初级线圈的视在阻抗，或对两线圈间耦合系数不同的初级线圈的视在阻抗作出阻抗平面图时，就会得到半径不同、位置不一的许多半圆曲线，这不仅给作图带来不便，而且也不便于对不同情况下的曲线进行比较。为了消除初级线圈阻抗以及激励频率对曲线位置的影响，便于对不同情况下的曲线进行比较，通常要对阻抗进行归一化处理。

归一化处理是将阻抗平面图原点坐标向右平移 R_1 距离，然后再用 X_s 和 R_s 坐标除以 ωL_1，使 Z_s 的半圆轨迹的直径在 X_s 上，如图 4-5 所示。轨迹上诸点的位置则取决于参变量 $\omega L_2/R_2$ 的实际取值。

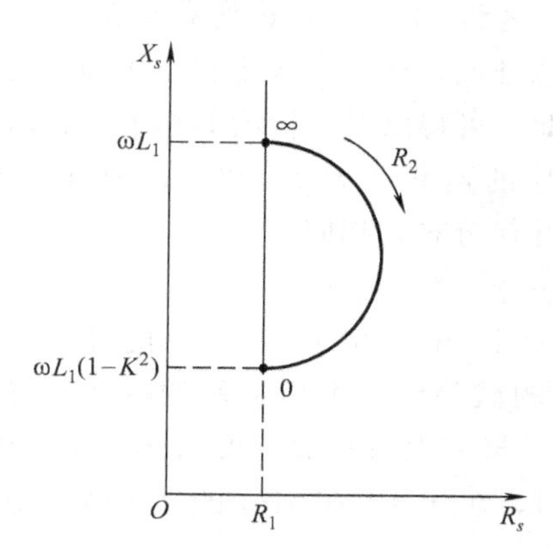

图 4-4 初级线圈的阻抗平面图

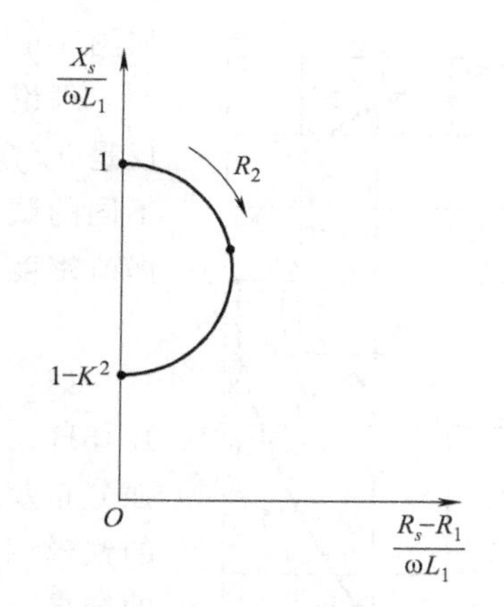

图 4-5 归一化后的阻抗平面图

4.5.2 有效磁导率和特征频率

4.5.2.1 有效磁导率

在半径为 r、磁导率为 μ、电导率为 γ 的长直圆柱导体上，紧贴密绕一螺线管线圈。在螺线管中通以交变电流，则圆柱导体中会产生一交变磁场，由于趋肤效应，磁场在圆柱导体的横截面上的分布是不均匀的。德国学者 Forster 提出了一个假想模型：圆柱导体的整个截面上有一个恒定不变的均匀磁场，而磁导率却在截面上沿径向变化，它所产生的磁通量等于圆柱导体内真实的物理场所产生的磁通量。就用一个恒定的磁场和变化的磁导率替代了实际上变化的磁场和恒定的磁导率，这个变化的磁导率被 Forster 称为有效磁导率，用 μ_{eff} 表示，同时推导出它的表达式为

$$\mu_{\mathrm{eff}}=\frac{2}{\sqrt{-j}\,kr}\cdot\frac{J_1(\sqrt{-j}\,kr)}{J_0(\sqrt{-j}\,kr)} \tag{4-10}$$

式中，$k=\sqrt{2\pi f\mu\gamma}$；r 为半径；μ 为磁导率；γ 为电导率；J_0 为零阶贝塞尔函数；J_1 为一阶贝塞尔函数；j 为复数符号。

4.5.2.2 特征频率

定义使式（4-10）中贝塞尔函数变量（$\sqrt{-j}\,kr$）的模为 1 的频率为涡流检测的特征频率（f_g），其表达式为

$$f_g=\frac{1}{2\pi\mu\gamma r^2} \tag{4-11}$$

对于非磁性材料 $\mu=1$，可得特征频率 $f_g=\frac{506606}{\gamma d^2}$，$d$ 为圆柱导体的直径。

4.5.3 涡流检测相似律

有效磁导率 μ_{eff} 是一个完全取决于频率比 f/f_g 大小的参数，而 μ_{eff} 的大小又决定了试件内涡流和磁场强度的分布。因此，试件内涡流和磁场的分布是随 f/f_g 的变化而变化的，

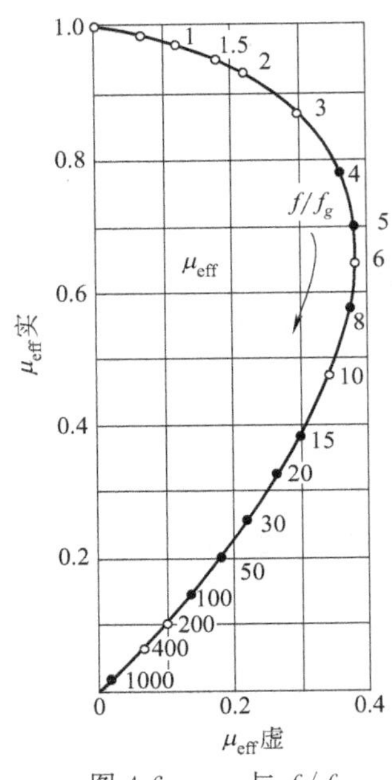

图 4-6 μ_{eff} 与 f/f_g 的关系曲线

如图 4-6 所示。当 f/f_g 达到 5 时，μ_{eff} 达到最大值。

理论分析和推导可以证明，试件中涡流和磁场强度的分布仅仅是 f/f_g 的函数。由此，可得出涡流检测的相似律：对于两个不同的试件，只要各对应的频率比 f/f_g 相同，则有效磁导率、涡流密度及磁场强度的几何分布均相同

$$f_1\mu_1\gamma_1 d_1^2=f_2\mu_2\gamma_2 d_2^2 \tag{4-12}$$

如，一根直径 $d=10\text{cm}$、$\gamma=35\text{s}/\mu\text{m}$ 的铝棒（$f_g=1.45\text{Hz}$）在 $f=145\text{Hz}$ 的试验频率下所显示的有效磁导率、场强分布及涡流密度分布，与一根直径 $d=0.01\text{cm}$、$\gamma=10\ \text{s}/\mu\text{m}$ 的铁丝（$f_g=50660\text{Hz}$），在 $f=5.07\text{Mhz}$ 的试验频率下所显示的结果完全相同。

根据相似定律，可进行对比试验，以此判定缺陷的深度和大小。

4.5.4 影响线圈阻抗的因素

4.5.4.1 穿过式线圈的阻抗分析

内含导电圆柱体的长直载流螺线管线圈为穿过式线圈。有效磁导率的概念也是以这种线圈为基础提出的，而且假定圆柱体的直径 d 和线圈的直径 D 相同。但事实上，检测线圈和工件之间总要留有空隙以保证工件快速通过。因此有线圈填充系数 $\eta=(d/D)^2$，$\eta<1$。

通过对线圈和圆柱导体内磁场的分析，利用有效磁导率的概念，推导检测线圈的归一化阻抗为

$$\begin{cases}\dfrac{X_s}{\omega L_1}=1-\eta+\eta\mu_r\mu_{eff}\\[2ex]\dfrac{R_s-R_1}{\omega L_1}=\eta\mu_r\mu_{eff}\end{cases} \tag{4-13}$$

通过式（4-13）可分析出影响线圈阻抗的因素是材料自身的性质和线圈与试件的电磁耦合状况，主要包括：电导率 γ、圆柱体直径、相对磁导率 μ_r、缺陷、检测频率。

4.5.4.2 其他常用类型检测线圈的阻抗分析

（1）内含导电管材的穿过式线圈

① 薄壁管件。对非铁磁性材料的薄壁管件，特征频率为

$$f_g=\frac{506606}{\mu_r\sigma\gamma d_i} \tag{4-14}$$

式中，d_i 为管件内径；σ 为管件壁厚。管件的填充系数 $\eta=(d_a/d_c)^2$，其中，d_a 为管件外径，d_c 为线圈内径。

② 厚壁管件。厚壁管穿过式线圈的阻抗曲线位于圆柱体和薄壁管两者的曲线之间。

（2）导电管件的内通式线圈

将线圈插入并通过被检管材（或管道）内部进行检测的线圈为内通式线圈。

① 薄壁管件。用内通式线圈检测薄壁管件时，其线圈阻抗的变化情况可借用穿过式线

圈的阻抗图加以分析。

② 厚壁管件。对于非铁磁性材料的厚壁管件，其特征频率为式（4-15）。

$$f_g=\frac{506606}{\mu_r \gamma d_i^2} \tag{4-15}$$

式中，d_i 为管件内径。

（3）放置式线圈

在检测过程中以轴线垂直于被检工件表面的方位放置在其上的线圈为放置式线圈。用放置式线圈检测板材时，线圈阻抗的变化不仅与材料的电导率、磁导率等因素的变化有关，而且还受线圈至板材表面的距离变化的影响，此即所谓“提离效应”。当测定材料表面涂层或镀层厚度时，要利用放置式线圈的提离效应。而为了测量材料的电导率或进行材料探伤时，则要设法通过选择频率来减小提离效应的干扰，提高检测结果的准确性和可靠性。

4.6 涡流效应的测量

4.6.1 测量线圈阻抗的变化

导电体中的涡流本身也要产生交变磁场，对激励线圈的磁场起到反磁场的作用，使通过线圈的磁通发生变化，这将使线圈的阻抗发生变化，通过监测线圈阻抗的变化，可以确定导电体对磁场的影响，从而达到检测目的。

例如，将涡流检测探头（检测线圈）接近被检导电试件时，线圈阻抗（电阻与电感分量）将发生变化，在其他条件相同时，此变化基本上是一个恒定值。但是若探头在试件表面经过一个缺陷时，试件中的涡流因为缺陷的存在而使其流动途径发生畸变，使得涡流磁场也发生变化，于是检测线圈中的阻抗也随之发生变化（破坏了原来的平衡状态），根据这种变化的出现，即可检出缺陷。

4.6.2 测量线圈中电流的变化

利用涡流的磁场反作用于激励线圈时，在线圈中产生方向与涡流方向相反而与激励电流方向相同的感应电流，感应电流与激励电流发生叠加，当导电体中的涡流发生变化时，则感应电流也会发生变化，导致叠加电流变化。通过监测线圈中电流的变化（激励电流为恒定值），即可探知涡流的变化，从而获得有关试件材质、缺陷、几何尺寸、形状等变化的信息。

还可以采用另一个附加的专用检测线圈来直接感受涡流磁场产生感应电流，通过监测感应电流的变化达到监测涡流磁场变化亦即涡流变化的目的，如图 4-7 所示。

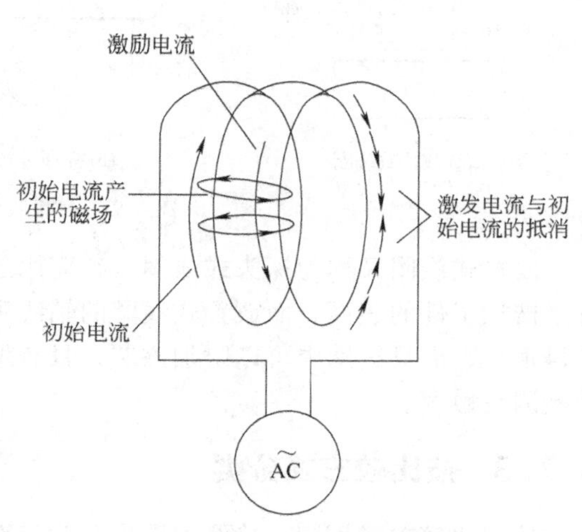

图 4-7 涡流变化的示意图

4.7 涡流检测线圈

4.7.1 按感应方式分类

按照感应方式不同，检测线圈可分为自感式线圈和互感式线圈（又称为参量式线圈和变压器式线圈），见图 4-8 所示。

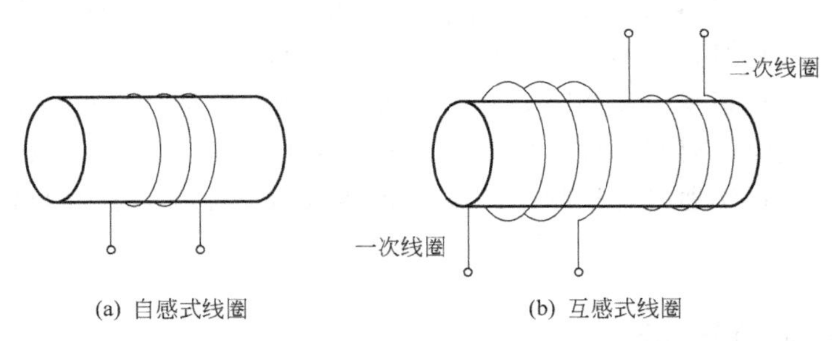

图 4-8 不同感应方式的检测线圈

自感式线圈由单个线圈构成，该线圈产生激励磁场，在导电体中形成涡流，同时又是感应、接收导电体中涡流再生磁场信号的检测线圈，故名自感线圈。互感线圈一般由两个或两组线圈构成，其中一个（组）是用于产生激励磁场在导电体中形成涡流的激励线圈（又称一次线圈），另一个（组）线圈是感应、接收导电体中涡流再生磁场信号的检测线圈（又称二次线圈）。

4.7.2 按应用方式分类

按照应用方式不同，检测线圈可分为外通过式线圈、内穿过式线圈和放置式线圈，如图 4-9 所示。

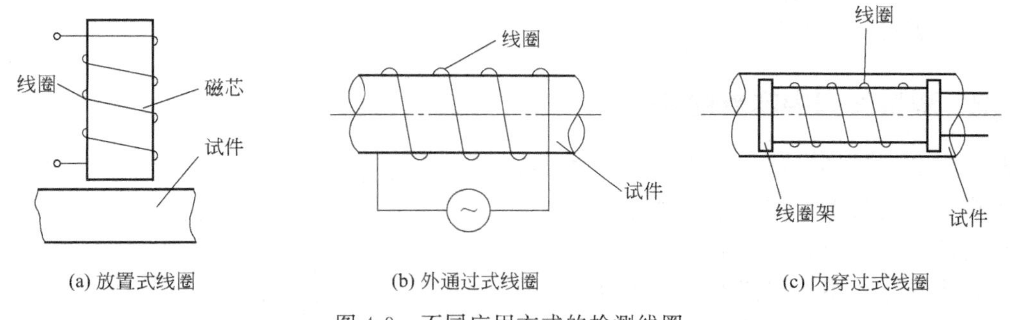

图 4-9 不同应用方式的检测线圈

放置式线圈又称为探头式线圈。在应用过程中，外通过式线圈和内穿过式线圈的轴线平行于被检工件的表面，而放置式线圈的轴线垂直于被检工件的表面。这种线圈可以设计、制作得很小，而且线圈中可以附加磁芯，具有增强磁场强度和聚焦磁场的特性，因此具有较高的检测灵敏度。

4.7.3 按比较方式分类

按照比较方式不同，检测线圈可分为绝对式线圈和差动式线圈，而差动式线圈又分标准比较式和自比较式两种，如图 4-10 所示。

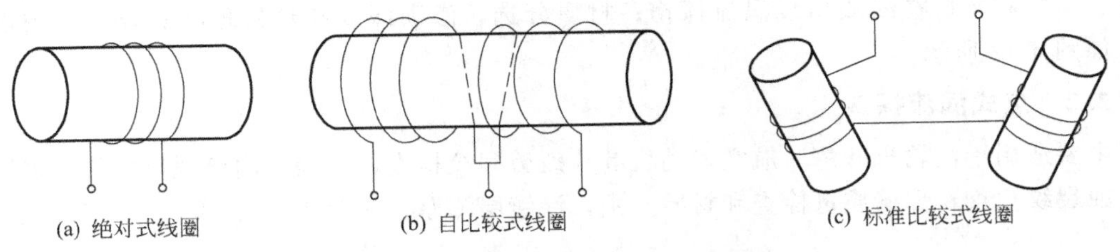

图 4-10 不同比较方式的检测线圈

绝对式线圈是只用一个检测线圈进行涡流检测的方式，仅针对被检测对象某一位置的电磁特性直接进行检测，而不与被检对象的其他部位或对比试样某一部位的电磁特性进行比较检测。差动式是指两个检测线圈反接在一起进行工作的方式。两者的区别如表 4-1 所示。

表 4-1 绝对式线圈和差动式线圈的比较

类型	优 点	缺 点
绝对式	对材料性能或形状的突变或缓变均能有所反应；较易区分混合信号；能显示缺陷的全长	有温度漂移；对探头颤动较敏感
差动式	无温度漂移；对探头颤动的敏感性较绝对式探头低	对缓变不敏感，即可能漏检长而缓变的缺陷；只能测出长缺陷的终点和始点；可能出现难以解释的信号

4.8 涡流检测方式及探头

4.8.1 涡流检测的方式

涡流检测方式分为三种类型，如图 4-11 所示。

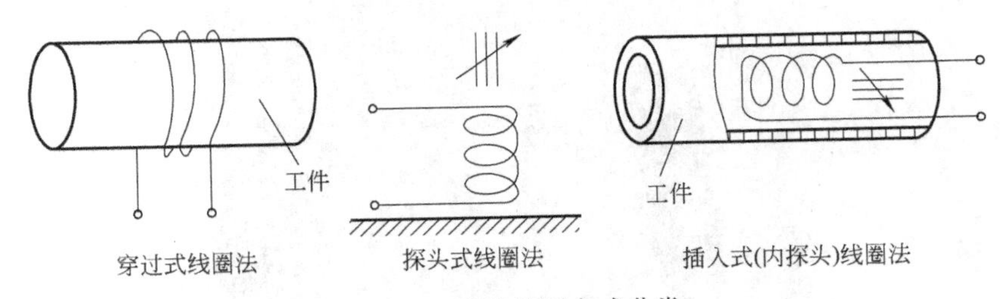

图 4-11 涡流检测方式分类

① 穿过式线圈法　检测线圈套在试件上，其内径与试件外径接近，用于检测如棒材、管材、丝材等。

② 探头式线圈法　平面检测线圈直接置于试件平表面上进行局部检测扫查，为了提高检测的灵敏度，通常在线圈中加有磁芯以提高线圈的品质因数。

③ 插入式（内探头）线圈法　将螺管式线圈插入管材或试件的孔内作内壁检测，线圈中也多装有磁芯以提高检测灵敏度。

4.8.2 涡流检测探头

4.8.2.1 外穿式涡流探头

主要适用于电站锅炉管、煤气管、凝汽器管道的役前缺陷检查；机械制造业的无缝管、焊管、棒材和丝材在线或离线涡流探伤；材质分选，渗碳深度和热处理状态评价，硬度测量。如图 4-12 所示。

4.8.2.2 点式涡流探头

主要适用于汽轮机叶片、航空发动机叶片疲劳裂纹检查，螺栓孔内壁裂纹探伤，多层结构腐蚀裂纹扫查，焊缝质量检查和材质鉴别，涂镀层测厚。如图 4-13 所示。

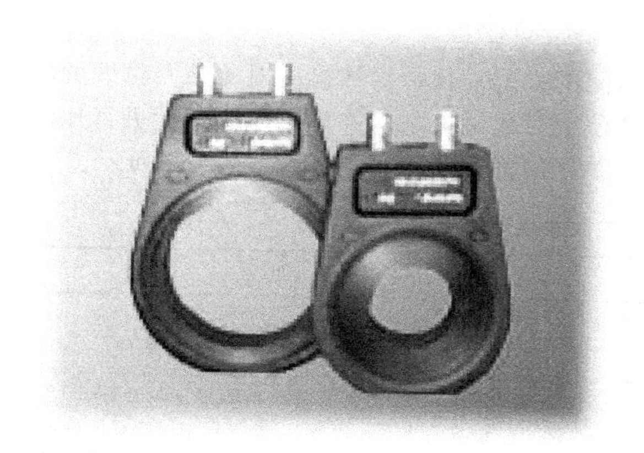

图 4-12 外穿式涡流探头

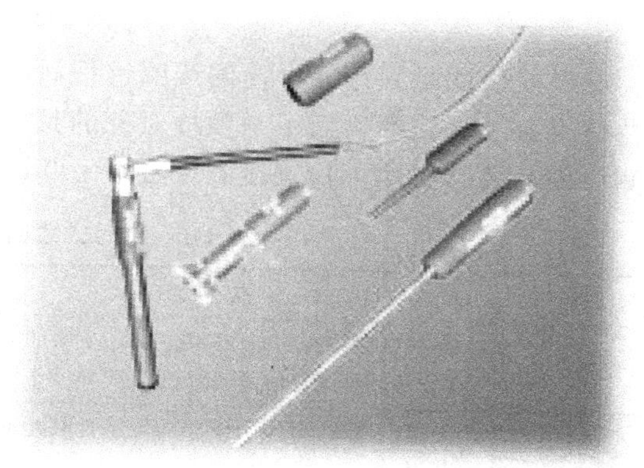

图 4-13 点式涡流探头

4.8.2.3 内插式涡流探头

主要适用于热电厂凝汽器、蒸发器、高/低压加热器和石油、化工设备换热器等在役热交换装置的裂纹、腐蚀检测及壁厚减薄测量，如图 4-14 所示。

图 4-14 内插式涡流探头

4.9 信号检出电路

涡流检测中，通常将涡流检测线圈作为构成平衡电桥的一个桥臂。正常情况下，可通过调节平衡电桥中的可变电阻实现桥式电路的平衡，如图 4-15 所示。

当检测阻抗发生变化（如线圈的被检测零件中出现缺陷）时，桥路失去平衡，这时输出

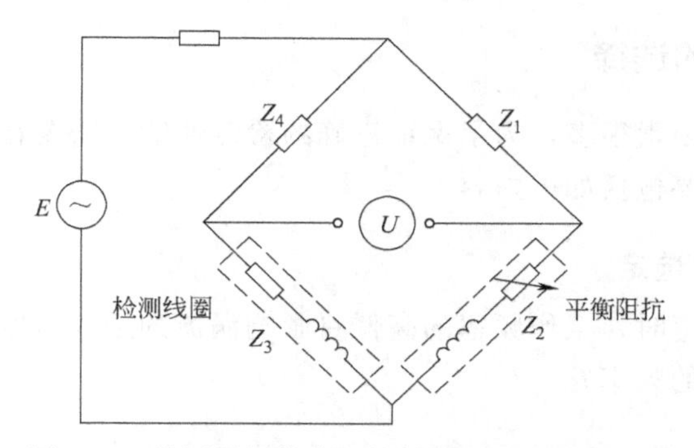

图 4-15 检测线圈作为电桥桥臂之一的平衡电路

电压不再为零，如式（4-16）所示。这是一个非常微弱的信号，其大小取决于被检测零件的电磁特性。

$$U=\frac{Z_1\Delta Z_3}{(Z_1+Z_2)(Z_3+Z_4)}E \tag{4-16}$$

式中，Z_1、Z_4 为固定桥臂阻抗；ΔZ_3 为检测线圈阻抗的变化，通过测量 U，可间接得到 ΔZ_3，从而发现被检零件的缺陷。通过数值模拟，发现激励线圈和接收线圈的范围如图 4-16 所示。由图可知，二次线圈应该在一次线圈的磁场范围内才能确定准确的缺陷信息。

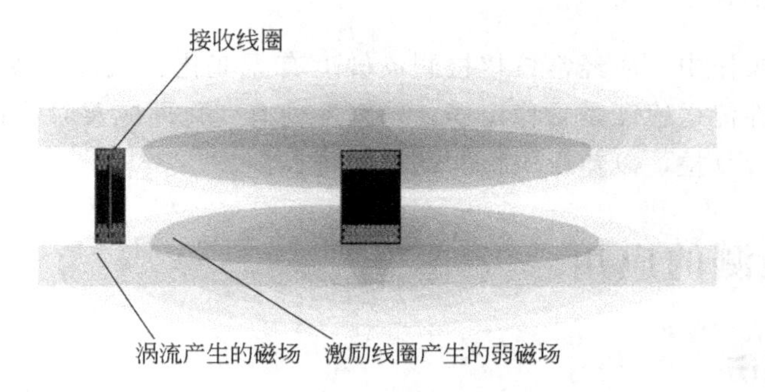

图 4-16 激励线圈和接收线圈示意图

4.10 涡流检测的一般工艺程序

4.10.1 试件的表面清理

试件表面应平整清洁，各种对检测有影响的附着物均应清除干净。

4.10.2 检测仪器的准备及稳定

根据试件的性质、形状、尺寸及欲检出缺陷种类和大小选择检测方法及设备。对小直径、大批量焊管或棒材的表面探伤，一般选用配有穿过式自比较线圈的自动探伤设备。

检测仪器通电后应经过一定时间的预热稳定，同时注意检测仪器、探头、标样所处的环境以及在此环境中的试件应有一致的温度，否则会产生较大的检测误差。

4.10.3 检测规范的选择

涡流检测中的干扰因素很多，为了保证正确的检测性能，需要在检测前对检测仪器和探头正确设定和校准，主要包括如下内容。

4.10.3.1 工作频率的选定

在被检材料已经确定时，工作频率的高低将影响涡流的透入深度，因此必须选择适当的工作频率（即激励电流的频率）。

4.10.3.2 探头选择

探头的几何形状与尺寸应适合被检工件和要求检测的目标，如穿过式线圈的内径大小、探头式线圈的直径与长度等。

4.10.3.3 检测灵敏度的设定

首先应对检测仪器的电表指示进行“调零”（平衡调整），然后采用规定的参考标样或标准试块、试样，把检测仪器的灵敏度调整到设定值，还包括相位角选定、杂乱干扰信号的抑制调整等。

4.10.4 检测操作

在涡流检测的操作中，应经常校核检测灵敏度有无变化、试件与探头的间距是否稳定，自动化检测中的试件传送速度是否稳定等，一旦发现有变化即应及时修正，并对在有变化情况下检测的试件进行复检，以免影响检测结果的可靠性。

4.11 涡流检测的应用

4.11.1 涡流探伤

涡流探伤能发现导电材料表面和近表面的缺陷，且具有简便、不需用耦合剂和易于实现高速、自动化检测等优点，故而在金属材料及其零部件的探伤中得到了广泛引用。

4.11.1.1 金属管材探伤

用高速、自动化的涡流探伤装置可以对成批生产的金属管材进行无损检测。管材从自动上料进给装置等速、同心地进入并通过涡流检测线圈，然后分选下料机构根据涡流检测结果，按质量标准规定将经过探伤的管材分别送入合格品、次品和废品料槽。涡流探伤在金属管材的检测（如铜管和钢管行业）中广泛应用，如图 4-17 所示。

另一用途是对在役管道进行维修检查。例如，采用内通式检测线圈，检查管式换热器中管子的腐蚀开裂或腐蚀减薄情况，如图 4-18 所示。

4.11.1.2 金属棒材、线材和丝材的探伤

可采用类似于管材的自动探伤装置对大批量生产的棒材、丝材进行探伤。但为了要检出棒材表面以下较深的缺陷，应选用比同直径的管材探伤低一些的工作频率，而进行金属丝材

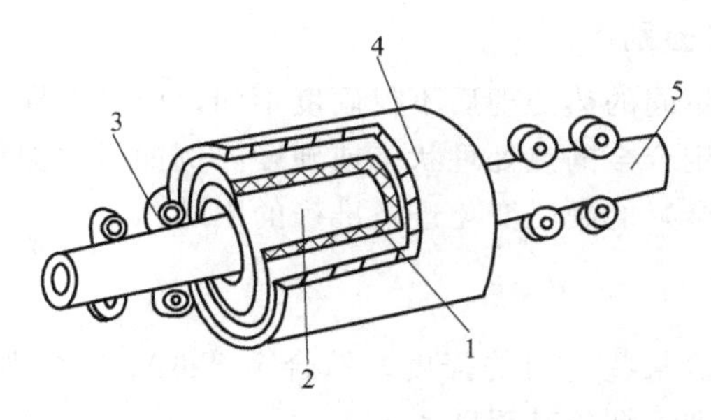

图 4-17 涡流探伤在管材中的应用

1—激励线圈；2—测量线圈；3—V形夹持滚轮；4—磁饱和线圈；5—管材

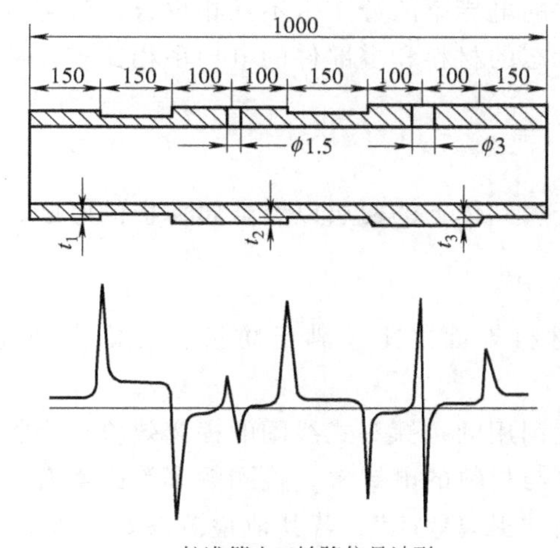

图 4-18 涡流技术探伤管材内部的腐蚀开裂或腐蚀减薄

探伤所选用的频率则要较高，以获得适当的 f/f_g 值。

4.11.1.3 结构件疲劳裂纹探伤

飞机维修部门常用涡流探伤方法来检测疲劳裂纹。例如，用专用探头式线圈可检出在机翼大梁、衍条与机身框架联结的紧固件孔周围、发动机叶片、起落架、旋翼和轮毂等部位产生的疲劳裂纹，还可对飞机上容易产生疲劳裂纹的部位或重要的零部件实施飞行监控，以此来保证飞行安全。

4.11.2 材质检验

材料的导电率是影响检测线圈阻抗的重要因素，故而在涡流检测中，可以据此来评价材料的材质及其他性能。这种评价不会损伤零部件的加工表面且特别适合现场检测。

4.11.2.1 杂质含量的鉴别及电导率的测量

金属材料的导电率受其纯度的影响较大，杂质含量增加则电导率就会降低。在铜的生产中，用测定电导率的方法可以估计铜中杂质的含量。例如通过测定导电率可以确定磷铜中磷的含量，而且从提取液态的熔融样品到用涡流电导仪完成电导率的测量只需要很短的时间，充分体现了涡流检测简单、方便、高效的优点。

4.11.2.2 热处理状态的鉴别

由于相同的材料经过不同的热处理后不仅硬度不同，而且电导率也不同，因而可以用测量电导率的方法来间接评定合金的热处理状态或硬度。例如通过测量电导率可以对沉淀硬化材料（如 Al、Ti、Mg 合金）的硬度变化进行准确的跟踪。

4.11.2.3 评价强度

用涡流检测也可以评价某些材料的强度。钛合金 Ti6Al4V 的强度与电导率之间存在对应关系，通过测定电导率即可评价其强度。

4.11.2.4 混料分选

如果混杂材料或零部件的电导率的分布带不互相重合，就可以利用涡流法先测出混料的电导率，再与已知牌号或状态的材料和零部件的电导率相比较，从而将混料区分开。

4.11.3 涡流测厚

用涡流方法可以测量金属基体上的覆层以及金属薄板的厚度。

4.11.3.1 覆层厚度测量

覆层是指覆盖在金属材料表面之上，满足防护、装饰等功能性要求的涂层、镀层或渗层。

涡流法测定覆膜的厚度利用的是探头式线圈的提离效应。当将探头式线圈靠近被检工件时，线圈阻抗的改变量不仅与材料的电导率、检测频率等因素有关，而且还受线圈至工件表面距离变化的影响，即所谓“提离效应”。若其他检测参数不变，则探头式线圈的阻抗将随材料表面覆膜厚度的变化而变化，实现厚度测量。这一厚度一般在几毫米至几百毫米的范围内。

4.11.3.2 金属薄板或箔厚度的测量

用涡流法测量金属薄板厚度的设备简单，检测方便。板材厚度越薄，测量精度越高。

4.11.4 其他方面的应用

涡流检测的应用是多方面的。例如用涡流检测方法还可以测定金属轴的径向振动或微小的轴向位移，以及管（棒）材的直径和椭圆度等。

复习思考题

1. 何谓趋肤效应？趋肤效应用什么物理量表示，它与哪些物理参量有关？
2. 试述涡流检测的优缺点。
3. 试述涡流检测的一般工艺过程。
4. 分述涡流探头的种类及其用途。

第5章 磁粉检测

5.1 简单的磁现象及概念

在中国古代，就已经发现并应用磁现象来确定方向。战国时期，出现了用天然磁石琢制的“司南”，它的样子像一只勺，底圆，可以在平滑的底盘上自由旋转，当它静止时，勺柄指的就是南方，如图 5-1 所示。

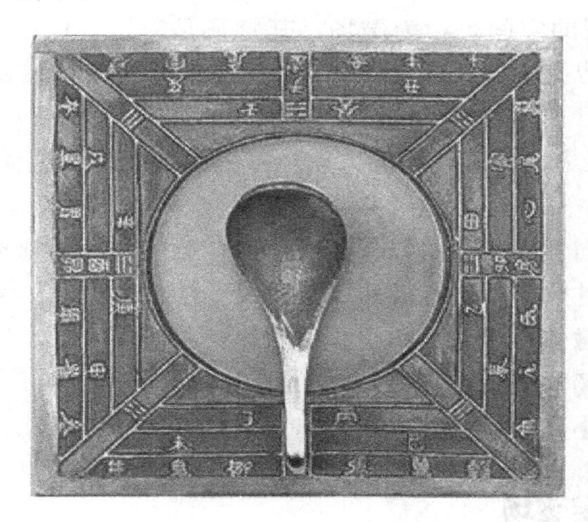

图 5-1 中国战国时期的司南

北宋初利用人工磁化方法制成了指南鱼和指南针。指南鱼的制法如下：用薄铁片裁成鱼形，置放在炭火中烧红，首尾对准地球磁场方向，然后用水迅速将它冷却即成，如图 5-2 所示。指南针是用天然磁石摩擦钢针而形成的。这些磁化物体的方法，完全符合科学原理。在欧洲使用同样的磁化方法要比我们晚四百多年。南宋民族英雄文天祥在《扬子江》一诗中写下“臣心一片磁针石，不指南方不肯休”的诗句，此处磁针石是用天然磁石摩擦钢针而形成的指南针。生活中常见的磁体如图 5-3 所示。

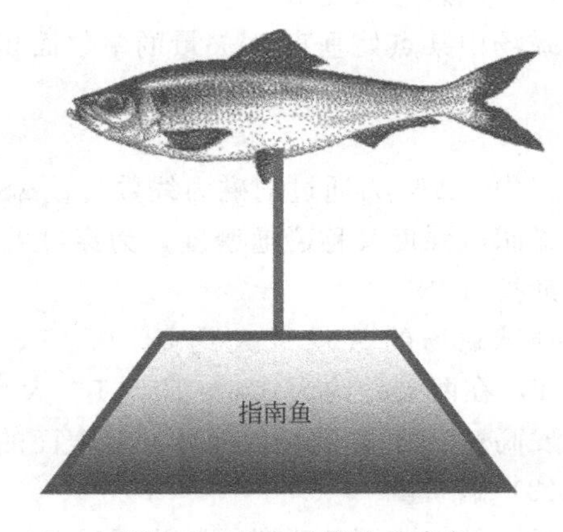

图 5-2 北宋时期的指南鱼

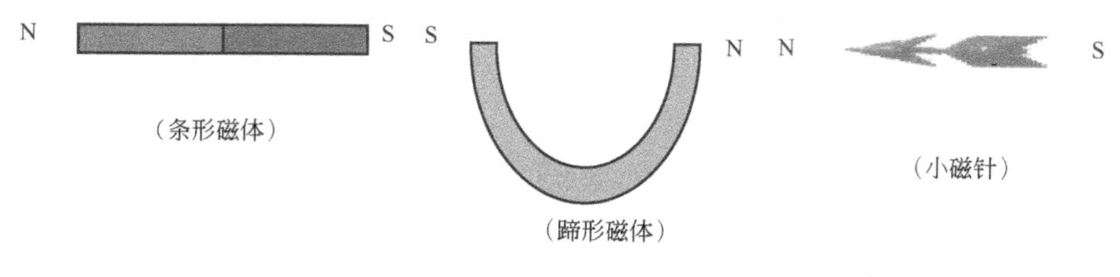

图 5-3 常见的磁体

5.1.1 磁的基本概念

磁性：物体能够吸引铁、钴、镍等物质的性质叫磁性。

磁体：凡能够吸引其他铁磁性材料的物体叫磁体。

磁极：靠近磁铁两端磁性特别强、吸附磁粉特别多的区域称为磁极。每一小块磁体总有两个磁极，即 N、S 极。

磁化：使原来没有磁性的物体得到磁性的过程叫磁化。

5.1.2 磁场和磁力线

磁场：具有磁性作用的空间，称为磁场。其特征是对运动的电荷（或电流）具有作用力，在磁场变化的同时也产生电场。磁场的大小、方向和分布情况，可以利用磁力线来表示。

磁力线在每点的切线方向代表磁场的方向，磁力线的疏密程度反映磁场的大小。

磁力线具有以下特性。

① 磁力线是具有方向性的闭合曲线。在磁体内，磁力线由 S 极到 N 极，在磁体外，磁力线是由 N 极出发，穿过空气进入 S 极的闭合曲线。

② 磁力线贯穿整个磁体，但互不相交。

③ 磁力线可描述磁场的大小和方向。

④ 磁力线沿磁阻最小路径通过。

5.1.3 真空中的恒定磁场

(1) 磁感应强度 $\boldsymbol{B}$

磁场中某点处垂直 $\boldsymbol{B}$ 矢量的单位面积上通过的磁感线数目等于该点 $\boldsymbol{B}$ 的数值

$$B=\frac{\Delta N}{\Delta S} \tag{5-1}$$

式中，ΔN 为通过的磁力线数目；ΔS 为穿过垂直于磁力线的单位面积。

磁感应强度又称磁通密度，为穿过垂直于磁力线的单位面积上的磁感应线的根数。单位为特斯拉（T）

地球磁场的数量级大约是 10^{-4}T。严格讲，地球表面的磁场在赤道处约为 0.3×10^{-4}T，在两极处约为 0.6×10^{-4}T。大型的电磁铁能激发出约 2T 的恒定磁场，超导磁体能激发高达 25T 的磁场，而脉冲星表面的磁场约为 10^{8}T。

(2) 磁通量

通过某一曲面的磁感线数为通过此曲面的磁通量 Φ

$$\Phi=\int_{s}\vec{B}\cdot d\vec{S} \tag{5-2}$$

Φ 的单位为韦伯（Wb），$1Wb=1T\cdot m^2$。

5.1.4 磁介质中的磁场

（1）磁介质

能影响磁场的物质称为磁介质。各种宏观物质对磁场都有不同程度的影响，因此一般都是磁介质。

设某一电流分布在真空中激发的磁感应强度为 $\boldsymbol{B}_0$，那么在同一电流分布下，当磁场中放进某种磁介质后，磁化了的磁介质激发附加磁感应强度 $\boldsymbol{B}_1$，这时磁场中任一点的磁感应强度 $\boldsymbol{B}$ 等于 $\boldsymbol{B}_0$ 和 $\boldsymbol{B}_1$ 的矢量和，即 $\boldsymbol{B}=\boldsymbol{B}_0+\boldsymbol{B}_1$。

顺磁性材料——这类磁介质磁化后使磁介质中的磁感应强度 B 稍大于 B_0，即 $B>B_0$，如铝、铬、锰、铂、氮等，能被磁体轻微吸引（置于外磁场中时，呈现微弱的磁场，附加磁场与外磁场方向相同，$\mu=1$）。

抗磁性材料——这类磁介质磁化后使磁介质中的磁感应强度 B 稍小于 B_0，即 $B<B_0$，如铜、银、金、铅、锌等，能被磁体轻微排斥（置于外磁场中时，呈现非常微弱的磁场，附加磁场与外磁场方向相反，$\mu<1$）。

铁磁性材料——这类磁介质磁化后所激发的附加磁感应强度 $\boldsymbol{B}_1$ 远大于 $\boldsymbol{B}_0$，使得 $\boldsymbol{B}\gg\boldsymbol{B}_0$，如铁、镍、钴及其合金等，铁磁质能显著地增强磁场，能被磁体强烈吸引（置于外磁场中时，呈现很强的磁场，附加磁场与外磁场方向相同，$\mu\gg1$）。

（2）磁场强度

磁场强度：表征磁场方向和大小的量称为磁场强度，决定于磁感应强度、磁导率和磁化强度，常用 H 表示，单位为 A/m。根据磁介质中的磁场安培环路定理可知，磁场强度沿任意闭合回路的线积分，等于该回路所包围的传导电流的代数。

（3）磁导率

磁化率表示材料被磁化的难易程度，反映了不同材料导磁能力的强弱，用 μ 表示，单位为亨利/米（H/m）。

在真空中磁导率为一不变的常数，用 μ_0 表示，即 $\mu_0=4\pi\times10^{-7}$ H/m。

相对磁导率：为了比较各种材料的导磁能力，常将任一种材料的磁导率 μ 和真空磁导率 μ_0 的比值用作该材料的相对磁导率，用 μ_r 表示

$$\mu_r=\frac{\mu}{\mu_0} \tag{5-3}$$

磁场强度 $\boldsymbol{H}$、磁感应强度 $\boldsymbol{B}$、磁导率 μ 之间存在的关系如下

$$\boldsymbol{B}=\mu_0\mu_r\boldsymbol{H}=\mu\boldsymbol{H} \tag{5-4}$$

对于各向同性的磁介质，相对磁导率都是无量纲的常数。

所有顺磁性材料、抗磁性材料的磁导率都很小，其相对磁导率几乎等于1，说明它们对原磁场只产生微弱的影响。为了形象地表示出磁场中 $\boldsymbol{H}$ 矢量的分布，可以引入 $\boldsymbol{H}$ 线（磁力线）来描述磁场，规定如下：磁力线上任一点的切线方向和该点 $\boldsymbol{H}$ 矢量的方向相同，磁力线的疏密程度代表 $\boldsymbol{H}$ 矢量的大小，磁力线越密，表示 $\boldsymbol{H}$ 越大，磁力线越疏，表示 $\boldsymbol{H}$ 越小。

5.2 铁磁性材料

5.2.1 磁畴

在铁磁质中，相邻铁原子中的电子间存在着非常强的交换耦合作用，这个相互作用促使相邻原子中电子磁矩平行排列起来，形成一个自发磁化达到饱和状态的微小区域，这些自发磁化的微小区域，称为磁畴。

一个典型的磁畴宽度约为 10^{-3}cm，体积约为 10^{-9}cm^3，内部大约含有 10^{14} 个磁性原子。

在没有外加磁场作用时，铁磁性材料内各个磁畴的磁矩方向相互抵消，对外显示不出磁性。当把铁磁性材料放到外加磁场中去时，磁畴就会受到外加磁场的作用，一方面使磁畴的磁矩转动起来，还能使畴壁发生位移，最后全部磁畴的磁矩方向转向与外加磁场方向一致，铁磁性材料被磁化，显示出很强的磁性。

永久磁铁中的磁畴，在一个方向上占优势，因而形成 N 和 S 极，能显示出很强的磁性。

5.2.2 磁化过程

① 未加外磁场时，磁畴的磁矩杂乱无章，对外不显示宏观磁性。

② 在较小的磁场作用下，磁矩方向与外加磁场方向一致或接近的磁畴体积增大，而磁矩方向与外加磁场方向相反的磁畴体积减小，畴壁发生位移。

③ 增大外加磁场时，磁矩转动畴壁继续位移，最后只剩下与外加磁场方向比较接近的磁畴。

④ 继续增大外加磁场，磁矩方向转动，与外加磁场方向接近。

⑤ 当外加磁场增大到一定值时，所有磁畴的磁矩都沿外加磁场方向有序排列，达到磁化饱和，相当于一个微小磁铁或磁偶极子，产生 N 极和 S 极，宏观上呈现磁性。

在高温情况下，磁体中分子热运动会破坏磁畴的有规则排列，使磁体的磁性削弱。超过某一温度后，磁体的磁性也就全部消失而呈现顺磁性，实现了材料的退磁。铁磁性材料在此温度以上不能再被外加磁场磁化，并将失去原有的磁性的临界温度称为居里点或居里温度。从居里点以上的高温冷却下来时，只要没有外磁场的影响，材料仍然处于退磁状态。

铁的居里点为 769℃，镍的居里点为 365℃。

磁化曲线是表征铁磁性材料磁特性的曲线，用以表示外加磁场强度 $\boldsymbol{H}$ 与磁感应强度 $\boldsymbol{B}$ 的变化关系，如图 5-4 所示。由图发现，μ 与 $\boldsymbol{H}$ 成抛物线关系，达到最大 μ_m 时 $\boldsymbol{B}$ 才会最大。$\boldsymbol{B}$ 与 $\boldsymbol{H}$ 成对数函数关系，随着 $\boldsymbol{H}$ 增大，$\boldsymbol{B}$ 先快速增加，最后不再变化，趋近一个恒定值。

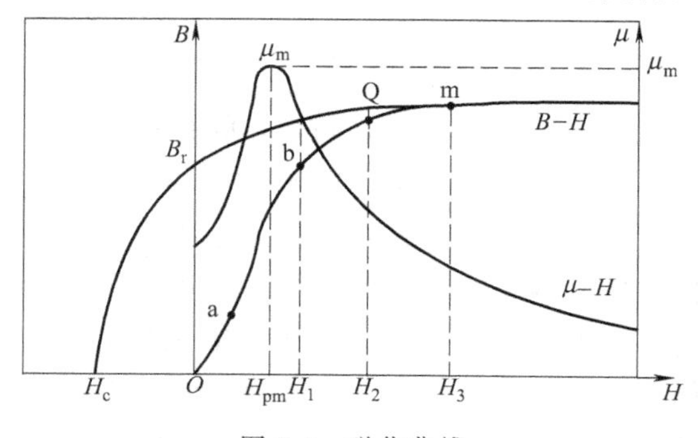

图 5-4 磁化曲线

5.2.3　铁磁质的磁滞回线

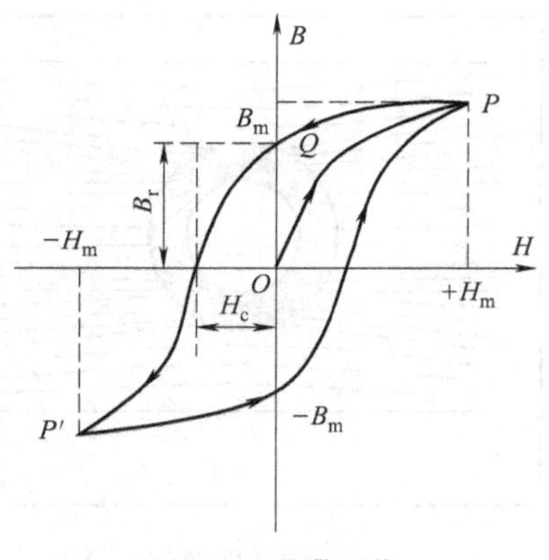

图 5-5　磁滞回线

磁滞回线用来描述磁滞现象的闭合磁化曲线，如图5-5所示。当外磁场由$+H_m$逐渐减小时，磁感强度$\boldsymbol{B}$并不沿起始曲线OP减小，而是沿PQ比较缓慢的减小，这种$\boldsymbol{B}$的变化落后于$\boldsymbol{H}$的变化的现象，叫作磁滞现象，简称磁滞。

由于磁滞，当磁场强度减小到零（即$H=0$）时，磁感强度$B\neq 0$，而是仍有一定的数值B_r，叫作剩余磁感强度（剩磁）。

根据矫顽力H_c大小分为软磁材料（$H_c\leqslant 400\text{A/m}$）和硬磁材料（$H_c\geqslant 8000\text{A/m}$）。

① 软磁材料——是指磁滞回线狭长，具有高磁导率、低剩磁、低矫顽力和低磁阻的铁磁性材料，如图5-6所示。软磁材料磁粉检测时容易磁化，也容易退磁。软磁材料有电工用纯铁、低碳钢和软磁铁氧体等材料。

② 硬磁材料——是指磁滞回线肥大，具有低磁导率、高剩磁、高矫顽力和高磁阻的铁磁性材料，如图5-7所示。硬磁材料磁粉检测时难以磁化，也难以退磁。硬磁材料如铝镍钴、稀土钴和硬磁铁氧体等材料。

图5-6和图5-7表明，软磁和硬磁材料的磁滞回线形状相差很大，能量消耗也不同。

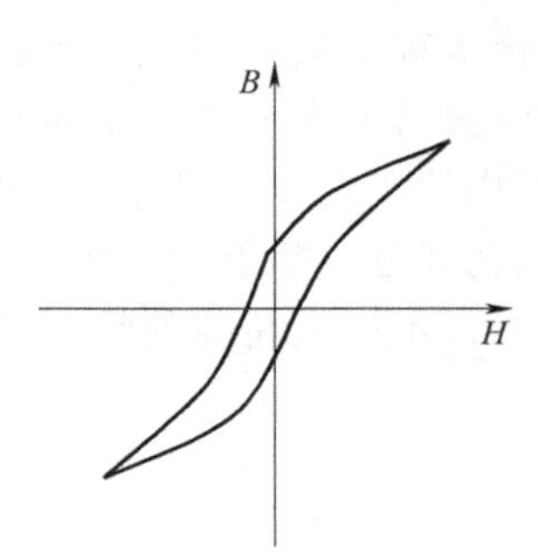

图 5-6　软磁材料磁滞回线

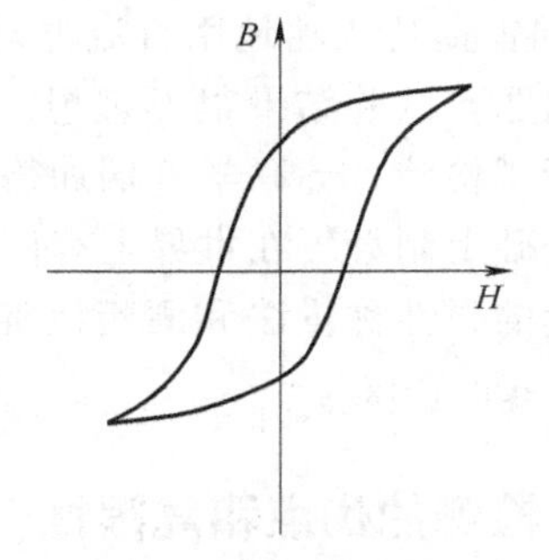

图 5-7　硬磁材料磁滞回线

5.2.4　磁屏蔽

把磁导率不同的两种磁介质放到磁场中，在它们的交界面上磁场要发生突变，引起磁感应线的折射，如图5-8所示。电子设备中，有些部件需要防止外界磁场的干扰。为解决这种问题，就要用铁磁性材料制成一个罩子，把需防干扰的部件罩在里面，使它和外界磁场隔离，也可以把那些辐射干扰磁场的部件罩起来，使它不能干扰别的部件。这种方法称为磁屏蔽。由于用铁制的屏蔽外壳磁阻很小，它就为外界干扰磁场提供了通畅的磁路，使磁力线都通过铁壳短路而不再影响被屏蔽在里面的部件。

在实践中，要达到完全的屏蔽是极不容易的。总有一些磁场要漏进屏蔽罩内或者跑出屏蔽罩外。要达到好的屏蔽效果，必须选用导磁系数高的材料，如坡莫合金、硅钢片等，而且不要太薄；屏蔽罩的结构设计，接缝要尽量少，在制作时接缝处要紧密，尽量减少气隙。总

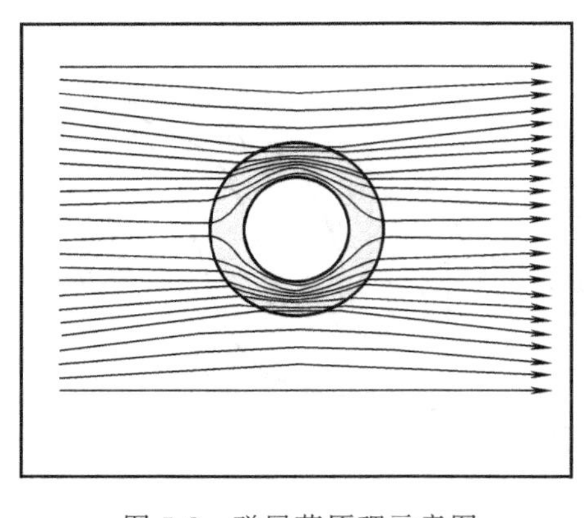

图 5-8　磁屏蔽原理示意图

之屏蔽罩的磁阻越小屏蔽效果越好。如果在低频交变磁场中需要屏蔽时，例如电源变压器需要屏蔽时，都是按以上磁屏蔽的原则处理的。屏蔽要求较高时，还可以采用多层屏蔽。

但在高频交变磁场中，屏蔽原理就完全是另一种概念。这时利用涡流原理，以导电材料制成屏蔽罩。在高频干扰磁场中，屏蔽罩中会产生涡流。由于涡流产生的磁场有抵消外磁场的作用，当外磁场的交变频率越高，产生的涡流现象越严重，从而抵消外界磁场的作用越大。所以在进行高频屏蔽时，不必用很厚的铁磁性材料去做屏蔽罩，而是用导电性好的铜片或铝片来做屏蔽罩。对要求高的屏蔽罩，通常是在铜壳上再镀一层银，提高屏蔽罩导电性能，则屏蔽效果就更好。

5.3　磁粉检测

5.3.1　磁粉检测发展简史

磁粉探伤的设想始于 1922 年，美国人霍克在切削钢制工件时，发现有铁末聚集在工件表面有裂纹的区域。因此，他提出了可以利用这一现象检验工件表面裂纹的设想。

1929 年，福雷斯特成功地用直流电对钻探用钢管实现了周向磁化，但由于用以显示磁痕的钢屑质量问题，试验结果很不理想。1930 年，白茨第一次成功地采用磁粉探伤的方法对焊缝质量进行了检验。苏联学者瑞加德罗对磁粉探伤的研究和发展做出了卓越的贡献，他在大量实验的基础上制订了在世界上有广泛影响的磁化规范，并于 20 世纪 50 年代初期首创了鉴定磁粉质量的磁性称量法和酒精沉淀法。1934 年，生产磁粉探伤设备和材料的美国磁通公司成立（Magnaflux）。

5.3.2　磁粉检测的优点和局限性

磁粉检测用英文表示为 Magnetic Powder Tesing 或 Magnetic Particle Inspection，简称 MT。

利用磁粉的聚集显示铁磁性材料及其工件表面与近表面缺陷的无损检测方法称为磁粉检测法。该方法既可用于板材、型材、管材及锻造毛坯等原材料及半成品或成品表面与近表面质量的检测，也可以用于重要机械设备、压力容器及石油化工设备的定期检查。

磁粉检测方法虽然也能探查气孔、夹杂、未焊透等体积型缺陷，但对面积型缺陷更灵敏，更适于检查因淬火、轧制、锻造、铸造、焊接、电镀、磨削、疲劳等引起的裂纹。

5.3.2.1　主要优点

① 可以直观地显示出缺陷的形状、位置与大小，并能大致确定缺陷的性质。

② 检测灵敏度高，可检出宽度仅为 0.1μm 的表面裂纹。

③ 应用范围广，几乎不受被检工件大小及几何形状的限制。

④ 工艺简单，检测速度快，费用低廉。

5.3.2.2　主要缺点

① 该方法仅局限于检测能被显著磁化的铁磁性材料（Fe、Co、Ni及其合金）及由其制作的工件的表面与近表面缺陷；不能用于抗磁性材料（如Cu）及顺磁性材料（如Al、Cr、Mn）——工程上统称为非磁性材料的检测。

② 无法确知缺陷的深度。

③ 观察评定必须由检测人员的眼睛观察。

④ 难以实现真正的自动化检测。

⑤ 检测结果还只能通过照相或贴膜等方式处理。

5.3.3　磁粉检测原理

磁粉检测是利用铁磁物质内的缺陷磁导率的变化，“切割”铁磁物质表面或近表面内的磁感应线，导致磁感应线在缺陷附近离开或进入试件表面，形成“漏磁场”，通过漏磁场感应并吸附磁粉于缺陷附近而形成磁痕，以放大的形式显示缺陷的部位和大小形态，如图5-9所示。

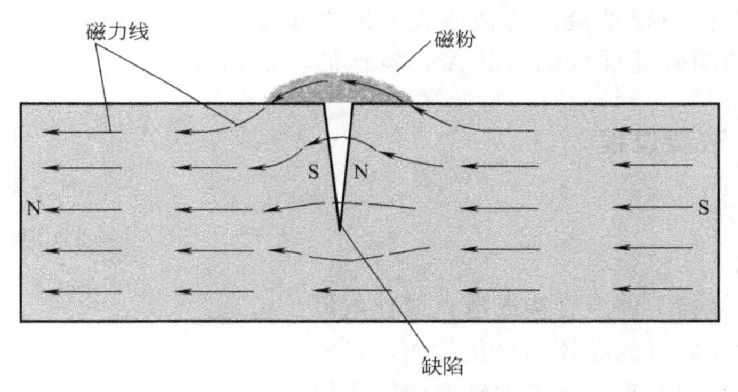

图5-9　漏磁场原理图

铁磁性物质的磁导率很大，当铁磁性物质被磁化后，其磁感应强度 $B=\mu H$ 就很大。这相当于在试件的单位面积上穿过的磁感应线数 B 就很多，并按一定的方向排列，如果试件里有缺陷，并当缺陷的方向与磁感应线接近垂直时，缺陷的存在就明显地改变磁感应线在试件内的分布。

这是因为缺陷（如裂纹、非金属夹杂物等）一般都是非铁磁性物质，其磁导率远小于铁磁性物质的磁导率。磁化区域在外磁化条件相同的情况下，单位面积上能穿过的磁感应线数就比铁磁性物质少得多。

即缺陷区域不能容纳像铁磁性物质中相应那样多的磁感应线全部通过去，但磁感应线又是连续的，缺陷区域会影响这部分磁感应线，并导致它从缺陷以下的磁性材料里通过去，部分磁感应线绕过缺陷在材料内部发生弯曲。又由于这部分材料所能容纳的磁感应线数目是有个上限的，以及缺陷本身的形态和在试件中的位置等关系，所以有部分磁感应线溢出试件表面，即磁感应线从试件中有缺陷所在区域的一边离开试件，在缺陷的另一边进入试件，因而在缺陷的两边分别形成N极和S极，形成了漏磁场。

设在被检工件表面上有漏磁场存在。如果在漏磁场处撒上磁导率很高的磁粉，因为磁力线穿过磁粉比穿过空气更容易，所以磁粉会被该漏磁场吸附。被磁化的磁粉沿缺陷漏磁场的磁力线排列。在漏磁场力的作用下，磁粉向磁力线最密集处移动，最终被吸附在缺陷上。由于缺陷的漏磁场有比实际缺陷本身大数倍乃至数十倍的宽度，故而磁粉被吸附后形成的磁痕能够放大缺陷。通过分析磁痕评价缺陷，即是磁粉检测的基本原理。

5.3.4 影响漏磁场强度的主要因素

磁粉检测灵敏度的高低取决于漏磁场强度的大小。实际检测中，真实缺陷漏磁场的强度受到多种因素的影响，主要因素如下。

(1) 外加磁场强度

缺陷漏磁场强度的大小与工件被磁化的程度有关。一般说来，如果外加磁场能使被检材料的磁感应强度达到其饱和值的80%以上，缺陷漏磁场的强度就会显著增加。通常用外加磁场的提升力来表示磁场强度的大小，提升力越大，磁场强度越大。

(2) 缺陷的位置与形状

就同一缺陷而言，随着埋藏深度的增加，其漏磁场的强度将迅速衰减至近似于零。另一方面，缺陷切割磁力线的角度越接近正交，即90°，其漏磁场强度越大，反之亦反。事实上，磁粉检测很难检出与被检表面所夹角度小于20°的夹层。此外，在同样条件下，表面缺陷的漏磁场强度随着其深、宽比的增加而增加。

5.3.5 磁化方法及过程

5.3.5.1 磁化方法

(1) 周向磁化

周向磁化是在被检工件上直接通电，或让电流通过平行于工件轴向放置的导体的磁化方法，目的是建立起环绕工件周向并垂直于工件轴向的闭合周向磁场，以发现取向基本与电流方向平行的缺陷。有如图5-10所示方法。小型零件通常使用如图5-11所示方法。

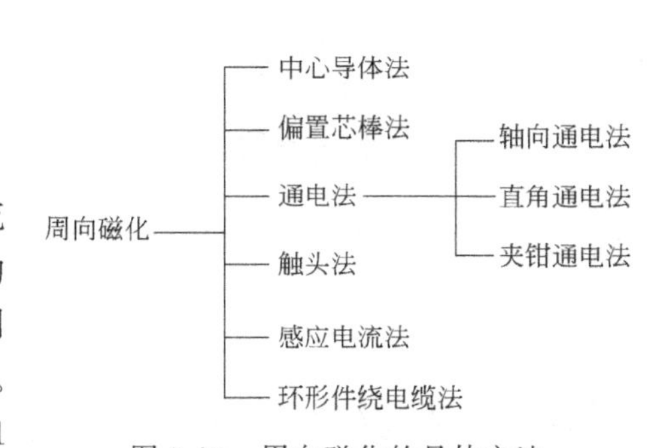

图5-10 周向磁化的具体方法

对于大型工件，根据被测部位及灵敏度要求选择触点距离和电流大小。同一被检部位通过改变触点连线方位的方法，至少进行两次相互垂直的检测，以免漏检。触头电压不超过24V，如图5-12所示。

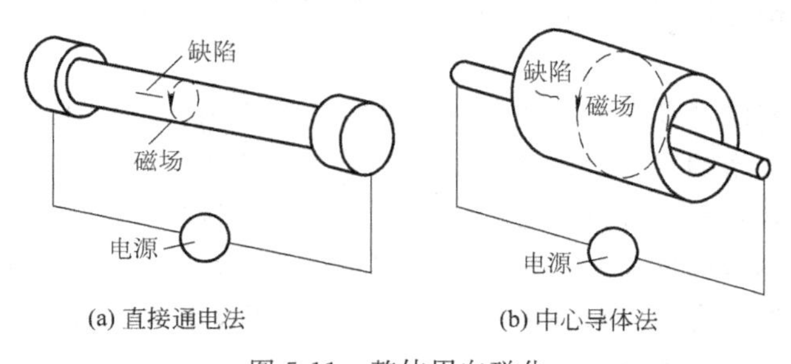

图5-11 整体周向磁化

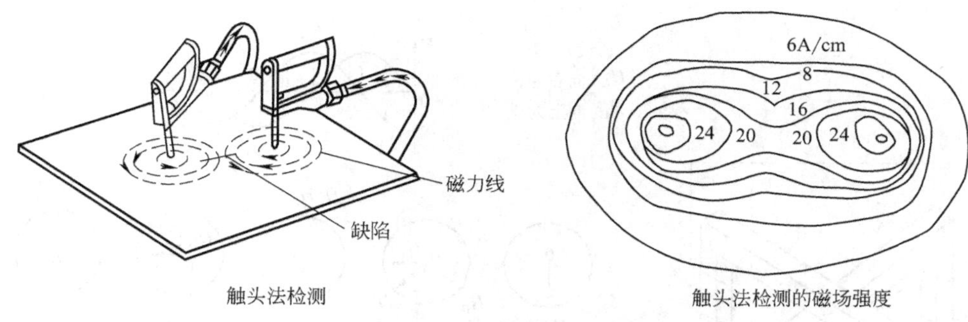

图 5-12 大型零件的触头法检测

(2) 纵向磁化

纵向磁化是用环绕被检工件或磁轭铁心的励磁线圈在工件中建立起沿其轴向分布的纵向磁场，以发现取向基本与工件轴向垂直的缺陷。通常有以下三种具体方法，如图 5-13 所示。常用磁轭法和线圈法。电磁轭局部磁化法主要用于板材的局部检测，效果明显，管材的局部缺陷检测通常用线圈法检测纵向缺陷，如图 5-14 所示。

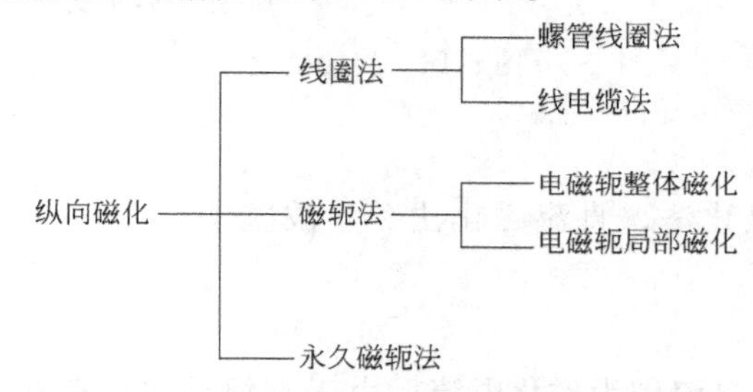

图 5-13 纵向磁化具体方法

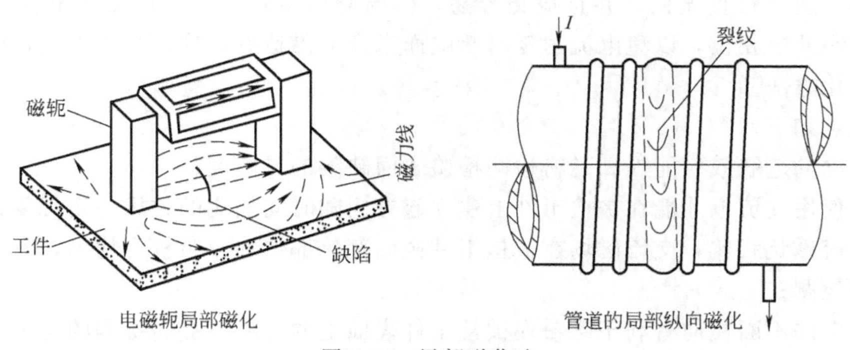

图 5-14 局部磁化法

(3) 复合磁化

复合磁化又称多向磁化，在被检工件上同时施加两个或两个以上不同方向的磁场，避免发生缺陷遗漏现象。具体方法如图 5-15 所示。

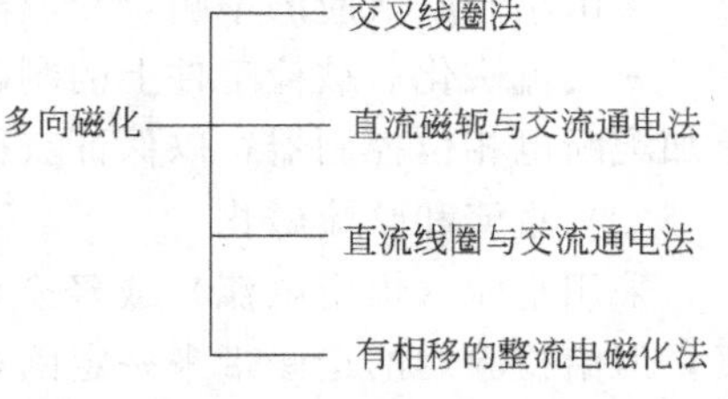

图 5-15 复合磁化方法

(4) 旋转磁化

旋转磁化是将绕有激磁线圈的 Π 型磁铁交叉放置，各通以不同相位的交流电，产生圆形或椭圆形磁场(即合成磁场的方向作圆形旋转运动)，如图 5-16 所示。旋转磁化能发现沿任意方向分布的缺陷。

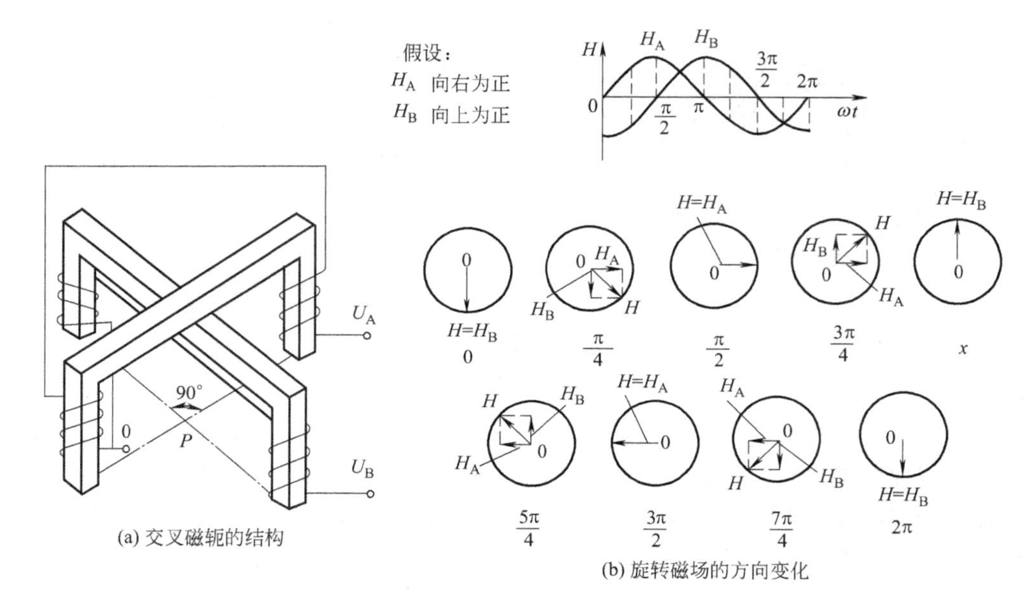

(a) 交叉磁轭的结构

(b) 旋转磁场的方向变化

图 5-16　旋转磁化

5.3.5.2　磁化电流

磁化电流分为交流磁化法、直流磁化法和半波整流磁化法。具体分析如下。

（1）交流磁化

交流磁化以工频交变电流作为磁化电流，由于有振动作用存在，促使磁粉跳动并聚集，因此磁痕形成速度较直流快，并且退磁容易，但检验深度较小。在用交流电作剩磁法检验时，必须控制断电相位，以免电流为零时断电而未充上磁造成漏检。交流磁化是应用最广的一种交流磁化方法。

主要优点如下。

- 交流电的趋肤效应能提高磁粉检测检验表面缺陷的灵敏度；
- 只有使用交流电才能在被检工件上建立起方向随时间变化的磁场，实现复合磁化；
- 与直流磁化相比，交流磁场在被检工件截面变化部位的分布较为均匀，有利于对这些部位缺陷的检测；
- 交流电的不断换向有利于磁粉在被检工件表面上的迁移，提高检测的灵敏度；
- 交流磁化的磁场浅，容易退磁；
- 设备简单，易于维修，价格便宜。

主要缺点如下。

- 由于趋肤效应的影响，交流磁化对近表面缺陷的检出能力不如直流磁化强；
- 交流磁化后被检工件上的剩磁不稳定，因此用剩磁法检测时，一般需要在交流探伤机上加配断电相位控制器，以保证获得稳定的剩磁。

（2）直流和整流磁化

采用直流（恒定电流）或经全波整流的脉动直流作为磁化电流，可达到较大的检验深度，但给检验后的退磁带来一定困难（目前常需要使用低频直流退磁），且磁化设备较复杂，价格昂贵。整流电有单相半波、单相全波、三相半波和三相全波整流等几种类型。

• 随电流波动型脉动程度的减小，其磁场的渗透能力增强，可检出的缺陷埋藏深度随之增大。

• 直流磁化可检出的缺陷埋藏深度最大。

• 可获得较稳定的剩磁，但退磁也较困难。

• 在整流或直流磁化的被检工件的截面突变部位，容易出现磁化不足或过量磁化，造成漏检。

5.3.5.3 磁化规范

磁粉检验的灵敏度除了与工件自身条件（铁磁特性、几何形状、表面粗糙度等）有关外，最重要的就是磁化规范的参数选择，即直接通电法时的磁化电流（种类、大小）、线圈法时的磁势（以磁化安匝数表示，即磁化电流与线圈匝数的乘积）、磁轭的提升力等，这些参数将直接影响被检工件上磁化强度的大小，亦即直接影响漏磁场的大小。因此，为了准确确定工件的磁化规范，往往要采用特斯拉计（高斯计）或磁场指示器，或者简易试片（灵敏度试片），或者灵敏度试块等来检查、验证工件上的磁化强度是否适合。

① 触头法

电极间距：控制在75～200mm。

磁化电流：材料厚度＜19mm时，3.5～4.5A/mm；材料厚度≥19mm时，4～5A/mm。

② 使用直流或整流励磁，缠绕电缆法作纵向磁化检测管道环焊缝时，推荐使用的安匝数（NI）可按式（5-5）计算

$$NI=\frac{35000}{\frac{L}{D}+2}(\pm 10\%),L/D\geqslant 3 \qquad (5\text{-}5)$$

式中，I 为电流，A；N 为匝数；L 为被检管道的长度，mm；D 为管道直径，mm。对于 $L/D>15$ 的情形，一律取 $L/D=15$。

③ 用交流励磁的缠绕电缆法检测时，实际需要的安匝数（NI）要使用人工缺陷试板或磁场指示器测定。

④ 使用标准试板、试环和磁场指示器评价磁粉检测系统的综合性能及检测灵敏感度。标准试板和试环如图5-17所示。依据机标JB 3965—1985干磁粉试环的磁痕显示规范如表5-1所示。

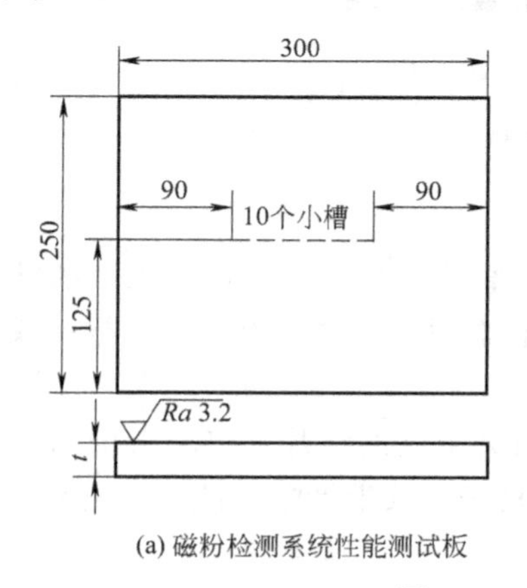

(a) 磁粉检测系统性能测试板

(b) 人工缺陷试环

图5-17 标准试板和试环的示意图

表 5-1　干磁粉试环的磁痕显示（参见 JB 3965—1985）

全波整流或直流磁化的电流值/A	近表面孔显示的最小数目	全波整流或直流磁化的电流值/A	近表面孔显示的最小数目
500	4	2500	6
900	4	3400	7
1400	4		

（5）磁场指示器

磁场指示器 TD 型（亦称八角试块），如图 5-18 所示。用途与标准试片基本相同，根据中国 JB 4730—2005 标准及美国标准 ASTM E709 和 ASTM E275 设计制造。它可以检查探伤设备、磁粉磁悬液的综合使用性能及操作方法是否适当，能充分反映磁化区域的磁场强度和方向。具有磁粉显示直观、使用方便、接触性好、结实耐用、缺陷重复性好等优点。

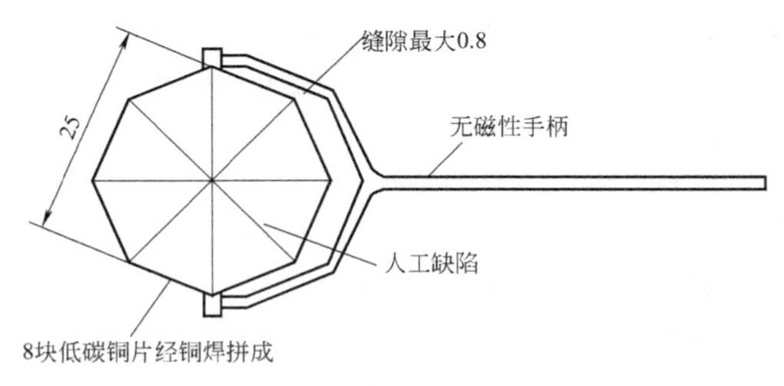

图 5-18　磁场指示器结构图

（6）标准试片

根据中国机械行业标准磁粉探伤用标准试片（JB/T 6065—1992）的规定，标准试片分为三类，分别为 A 型、C 型和 D 型，A 型、D 型尺寸不同，A 型边长为 20mm×20mm，D 型边长为 10mm×10mm。示意图如图 5-19 所示。

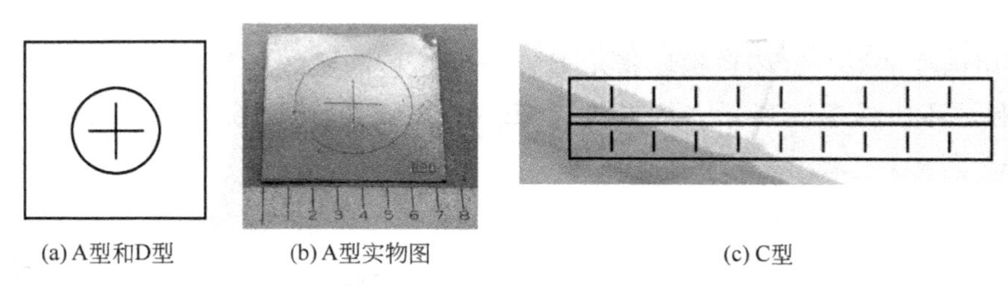

图 5-19　试片类型及实物图

使用方法如下。

1）试片使用前，用柔软纸或纱布轻轻地把试片表面的油渍擦去，再用胶带纸紧密地贴在工件上，保证试片与被检面接触良好。试片用后请涂防锈油。试片有锈蚀、褶折或磁特性发生改变时不得继续使用。

2）标准试片适宜于连续磁化法，使用时应选适当灵敏度的试片，将刻有槽的一面朝向工件，用胶带纸紧密地贴上，保证试片与被检面接触良好，胶带纸贴于试片两边缘，不能覆盖试片背面的刻槽部位。

3）对工件进行磁化，在试片上浇以磁悬液或喷磁粉，磁化电流由低档逐步提高，以显示磁痕为界。上述步骤完毕后，贴在工件表面上的试片，即可清楚显示磁痕。

A型灵敏度试片最先由日本无损检测学会提出，以后为多个国家使用，主要用于零部件的磁粉探伤，在检查中对几何形状复杂、不同材质的工件，可以正确地选择磁化规范，并可检查探伤设备、磁粉和磁悬液的性能。在磁粉探伤操作过程中，可以避免漏检，正确地知道探伤工作所需的电流峰值和方向，并对显示缺陷的磁场强度有所估量。A型灵敏度试片是磁粉探伤工作者必备的调试工具。其特点是试片用于磁粉显示，图像直观，使用简便。对各类零件所有方向的磁场，尤其对检查形状复杂的零件时，表现其独特的优点。A型标准试片分为A1、A2；A1为退火材料制成，A2为不作热处理的冷轧材料制成。试片通常按JB 4730—2005标准特别注明A1试片，与日本JISG 0565—6标准和美国ASME SE709标准相对应。

A型试片的尺寸标识如下。

15/100型：厚度尺寸100μm，裂纹深度15μm；30/100型：厚度尺寸100μm，裂纹深度30μm；60/100型：厚度尺寸100 μm，裂纹深度60 μm。

A型、C型和D型的类型及尺寸如表5-2～表5-4所示。

表5-2 A型类型及尺寸

类型	厚度尺寸/μm	裂纹深度/μm	灵敏度
15/100	100	15	高
30/100	100	30	中
60/100	100	60	低
7/50	50	7	高
15/50	50	15	中
30/50	50	30	低

表5-3 C型类型及尺寸

类型	厚度尺寸/μm	裂纹深度/μm	灵敏度
8/50	50	8	高
15/50	50	15	中

表5-4 D型类型及尺寸

类型	厚度尺寸/μm	裂纹深度/μm	灵敏度
7/50	50	7	高
15/50	50	15	中

5.3.6 磁粉的种类及适用环境

5.3.6.1 用途分类

磁粉的功用是作为显示介质，其种类如下。

（1）黑磁粉

成分为四氧化三铁（Fe_3O_4），呈黑色粉末状，适用于背景为浅色或光亮的工件。

（2）红磁粉

成分为三氧化二铁（Fe_2O_3），呈铁红色粉末状，适用于背景较暗的工件。

(3) 荧光磁粉

在四氧化三铁磁粉颗粒外裹有荧光物质，在紫外线辐照下能发出黄绿色荧光，适用于背景较深暗的工件，特别是由于人眼色敏特性的原因，使得以荧光磁粉作磁介质的磁粉检验较之其他磁粉具有更高的灵敏度。

(4) 白磁粉

在四氧化三铁磁粉颗粒外裹有白色物质，适用于背景较深暗的工件。

为了便于现场检验的使用，目前商品化的磁介质种类很多，除了有黑、红、白磁粉，荧光磁粉，还有球形磁粉（空心、彩色，用于干粉法），还有事先配置好的磁膏、浓缩磁悬液，还有磁悬液喷罐，以及为了提高背景深暗或者表面粗糙工件的可检验性而提供的表面增白剂（反差增强剂）等。为了保证磁粉检验结果的可靠性，对磁粉（包括磁性、粒度、形状）以及磁悬液的浓度、均匀性、悬浮性等均需要经过校验合格后才能使用，并且在使用过程中也需要定期校验。此外，对于观察评定时环境的白光照度，或者荧光磁粉检验时使用的紫外线灯的紫外线强度等，也是属于校验的项目，以求保证检验质量。

5.3.6.2 磁性介质分类

根据被施加的磁性介质的状态，可以分类如下。

(1) 干粉法

直接将干燥的磁粉喷撒在被磁化工件的表面，这种方法多用于工程现场或大型工件（例如铁路机车的连杆、车轴等）的磁粉检验，但其检验灵敏度相对于湿法是较低的。

(2) 湿法

以水为载体，加入适量的磁粉和适当的添加剂（消泡剂、防腐蚀剂、润湿剂等），搅拌均匀后即成为水磁悬液。或者用变压器油+煤油，或者无味煤油等作为载体，加入适量的磁粉并搅拌均匀，即成为油磁悬液。

水磁悬液和油磁悬液就是湿法磁粉检验中使用的磁性介质。在磁粉检验中，可以把磁悬液利用喷洒工具（喷嘴、喷壶等）喷洒或浇洒在被磁化的工件上，或者将被磁化的工件浸没在磁悬液中再提出（剩磁法），磁悬液中的磁粉随载体在工件上流动，遇到存在漏磁场处将被吸附形成磁痕而被观察到。在湿法检验中，水磁悬液相比油磁悬液有较高的灵敏度，但是容易导致工件发生锈蚀。

此外，还可以采用静电喷涂法施加干的或湿的磁粉。

5.3.7 磁粉检测工艺

5.3.7.1 表面预处理

被检表面应充分干燥；用化学或机械方法彻底清除被检表面上可能存在的油污、铁锈、氧化皮、毛刺、焊渣及焊接飞溅等表面附着物；必须采用直接通电法检测带有非导电涂层时，应预先彻底清除掉导电部位的局部涂料，以避免因触点接触不良而产生电弧，烧伤被检表面。

5.3.7.2 施加磁粉的方法

(1) 干法

用干燥磁粉（粒度 10～60μm）进行磁粉检测。

(2) 湿法

磁粉(粒度1～10μm)悬浮在油、水或其他载体中进行磁粉检测。灵敏度高,特别适合检测疲劳裂纹等细微缺陷。

5.3.7.3 检测方法

根据磁粉检验的方法不同(即喷洒磁粉和观察评定的时机不同),可以分类为外加法(连续法)和剩磁法。

(1) 连续法

在有外加磁场作用的同时向被检表面施加磁粉或磁悬液的检测方法称为连续法。低碳钢及所有退火状态或经过热变形的钢材均应采用连续法,一些结构复杂的大型构件也宜采用连续法。这种方法的优点是能以较低的磁化电流达到较高的检测灵敏度,特别是适用于矫顽力低、剩磁小的材料(例如低碳钢),缺点是操作不便、检验效率低。

1) 湿法连续磁化 在磁化的同时施加磁悬液,每次磁化的通电时间为0.5～2s,磁化间歇时间不超过1s,至少在停止施加磁悬液1s后才可停止磁化。

2) 干粉连续磁化 先磁化后喷粉,待吹去多余的磁粉后才可以停止磁化。

连续法灵敏度高,但效率低,易出现干扰显示。复合磁化法只能在连续法检测中使用。

(2) 剩磁法

利用被检工件充磁后的剩磁进行检验,即对工件充磁后,断开磁化电流后再喷洒磁粉(磁悬液)和进行观察评定。这种方法的优点是操作简便、检验效率高,缺点是需要较大的充磁电流(约为外加法所用磁化电流的三倍),要求被检工件材料具有较高的矫顽力和剩磁(以保证充磁后的剩磁能满足检验灵敏度的需要),并且在使用交流电或半波整流作为磁化电流时,必须注意控制断电相位。

利用磁化后被检工件上的剩磁进行磁粉检测。在经过热处理的高碳钢或合金钢中,凡剩余磁感应强度在0.8T以上、矫顽力在800A/m以上的材料均可用剩磁法检测。剩磁的大小主要取决于磁化电流的峰值,而通电时间原则上控制在0.25～1s。一般不使用干粉。

5.3.7.4 磁痕分析与记录

(1) 磁痕观察

磁粉在被检表面上聚集形成的图像称为磁痕,使用2～10倍的放大镜观察。

观察非荧光磁粉的磁痕时,被检表面的白光照度要达到1500 lx以上;观察荧光磁粉的磁痕时,被检表面上的紫外线照度不低于970 lx,同时白光照度不大于10 lx。

光照度是表明物体被照明程度的物理量。光照度与照明光源、被照表面及光源在空间的位置有关,大小与光源的光强和光线的入射角的余弦成正比,而与光源至被照物体表面的距离的平方成反比。

注:光照度的单位是勒克斯,英文lux的音译,也可写为lx。照度是反映光照强度的一种单位,其物理意义是照射到单位面积上的光通量,照度的单位是每平方米的流明(lm)数,也叫作勒克斯(lx):1lx=1lm/平方米上式中,lm是光通量的单位,其定义是纯铂在熔化温度(约1770℃)时,其1/60m^{2}的表面面积于1球面度的立体角内所辐射的光量。

以下是各种环境照度值:阅读书刊时所需的照度50～60lx,电视演播室所需照度300～2000lx,家用摄像机所需最小照度0.3～1lx,家用摄像机标准照度1400lx。

（2）磁痕分析

常见的相关磁痕主要如下。

（1）发纹　是一种原材料缺陷。钢中的非金属夹杂物和气孔在轧制、拉拨过程中随着金属的变形伸长而形成发纹。其磁痕特征如下。

呈细而直的线状，有时弯曲，端部呈尖形，沿金属纤维方向分布。

磁痕均匀而不浓密。擦去磁痕后，用肉眼一般看不见发纹。

长度多在20mm以内，连续或断续。

（2）非金属夹杂物　磁痕不太清晰，一般呈分散的点状或短线状分布。

（3）分层　呈长条状或断续分布，浓而清晰。

（4）材料裂纹　呈直线或一根接一根的短线状磁痕，磁粉聚集较浓且显示清晰。

（5）锻造裂纹　浓密、清晰，呈直的或弯曲的线状。

（6）折叠　锻造缺陷。磁痕特征为：多与工件表面成一定角度，常出现在工件尺寸突变处或易过热部位；有的类似淬火裂纹，有的呈较宽的沟状，有的呈鳞片状；磁粉聚集的多少随折叠的深浅而异。

（7）焊接裂纹　在焊缝或热影响区内，其长度可为几毫米至数百毫米；深度较浅的为几毫米，较深的可贯穿整个焊缝或母材。磁痕浓密清晰，呈直线或弯曲状，也有的呈树枝状。

（8）气孔　磁痕呈圆形或椭圆形，不太清晰，浓度与气孔的深度有关，埋藏气孔一般要用直流磁化才能检出。

（9）淬火裂纹　磁痕浓密清晰。特征：一般呈细直的线状，尾端尖细，棱角较多；渗碳淬火裂纹的边缘呈锯齿形；工件锐角处的淬火裂纹呈弧形。

（10）疲劳裂纹　磁痕中部聚集磁粉较多，两端磁粉逐渐减少，显示清晰。

相关磁痕有时要作为永久性记录保存，记录方法有照相、用透明胶带贴印、涂层剥离或画出磁痕草图等。

5.3.7.5　退磁

被检工件上带有的剩磁往往是有害的，如影响安装在其周围的仪表、罗盘等计量装置的精度或吸引铁屑增加磨损；干扰焊接过程，引起磁偏吹；或影响以后的磁粉检测。因此，需要退磁，即将被检工件内的剩磁减小到不妨碍正常使用的程度。

如果在经过磁粉检验后还要进行温度超过居里点的热处理或者热加工，这样的工件可以不必进行退磁处理。一般的工件在经过磁粉检验后均应进行退磁处理，以防止残留磁性在工件的后续加工或使用中产生不利的影响。退磁的方法主要是采用交流线圈通电的远离法，或者不断变换线圈中直流电正负方向并逐步减弱电流大小至零的退磁等，退磁程度的检验则通常使用如磁强计等袖珍型测磁仪器来检查。

通常指把工件放入磁场中（退磁的起始磁场强度大于或等于磁化时的磁场强度）然后不断改变磁场方向，同时使其逐渐减小到0。退磁分为交流退磁、直流退磁和振荡电流退磁三种。

（1）交流退磁

方法一：将工件从交流磁化线圈中移开。把工件放在通有交变电流的磁化线圈中，然后缓慢地将工件从线圈中移出至1.5m以外。推荐使用五千至一万匝的线圈。对焊缝表面可采用磁轭作局部退磁，把磁极放在其表面上，围绕着该区移动，保持电磁轭处于激励状态，让焊缝缓慢移开。

方法二：减小交流电。工件放入磁场中，位置不变，逐渐减小交流电，把磁场降低到规定值。

(2) 直流退磁

不断切换电流方向并逐渐减小至0。衰减级数尽可能大（30次以上）。

(3) 振荡电流退磁

将充好电的电容器跨接在退磁线圈上，构成振荡回路。电路以固有的谐振频率产生振荡，并逐渐减小至0。

5.3.7.6 清理

清除被检工件表面上残留的磁粉或磁悬液。

油磁悬液：汽油。

水磁悬液：水冲洗，干燥，防护油。

磁粉：直接用压缩空气。

第6章 渗透检测

6.1 概述

渗透检测的广泛应用可以追溯到20世纪40年代，随着机械工业，尤其是航空、宇航、造船等工业的发展，铝合金、镁合金、钛合金、高温合金、玻璃钢、塑料工业等非磁性材料的应用越来越广泛，使得渗透检测在无损检测应用中的比例大大提高，应用更加广泛。

渗透检测又叫渗透探伤，是一种检测材料（或零件）表面和近表面开口缺陷的方法。它几乎不受材料的限制，也不受零件的形状、大小、组织结构、化学成分和缺陷方位的限制，可广泛用于锻件、铸件、焊接件、各种机加工零件及陶瓷、玻璃、塑料、粉末冶金等零件的表面质量检验。

渗透检测就是把被检测的结构件表面处理干净后，使渗透液与受检表面接触，由于毛细作用，渗透液将渗透到表面开口的细小缺陷中去。然后去除零件表面残存的渗透液，再用显像剂吸出已渗透到缺陷中去的渗透液，从而在零件表面显出损伤或缺陷的图像。

渗透检测不需要特别复杂的设备，操作简单，缺陷显示直观，检测灵敏度高，检测费用低，对复杂零件可一次检测出各个方向的缺陷。

但是渗透检测不适用于多孔材料的检测，探伤结构受表面粗糙度的影响，同时也受检测人员技术水平的影响，它只能检测表面开口缺陷，对内部缺陷无能为力。

6.2 渗透检测的基本原理

渗透检测的基本原理是依据液体的某些特性为基础，可从四个方面加以叙述。

（1）渗透

将工件浸渍在渗透液中（或采用喷涂、毛刷将渗透液均匀地涂抹于工件表面），如工件表面存在开口状缺陷，依据毛细原理，渗透液就会沿缺陷边壁逐渐浸润而渗入缺陷内部，如图6-1（a）所示。

（2）清洗

渗透液充分渗入缺陷内以后，用水或溶剂将工件表面多余的渗透液清洗干净，如图6-1（b）所示。

（3）显像

将显像剂（氧化镁、二氧化硅）配制成显像液并均匀地涂覆在工件表面，形成显像膜，

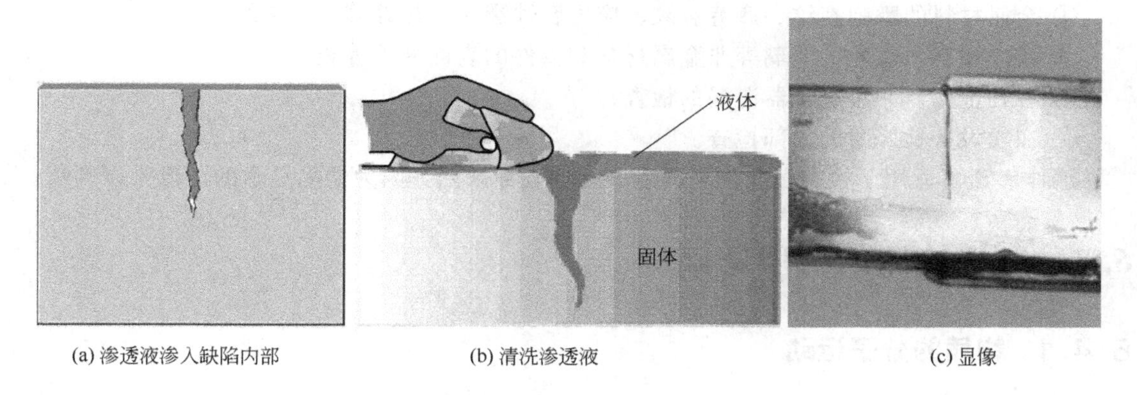

(a) 渗透液渗入缺陷内部　　(b) 清洗渗透液　　(c) 显像

图 6-1　渗透工艺示意图

残留在缺陷内的渗透液通过毛细现象的作用被显像剂吸附，在工件表面显示放大的缺陷痕迹，如图 6-1（c）所示。

（4）观察

在自然光下（着色渗透法）或在紫外线灯照射下（荧光渗透法），检验人员用目视法进行观察。

6.3　渗透检测的特点及适用范围

6.3.1　渗透检测的特点

液体渗透检测是一种最古老的探伤技术。它可以检查金属和非金属材料表面开口状的缺陷。与其他无损检测方法相比，具有检测原理简单、操作容易、方法灵活、适应性强的特点，可以检查各种材料，且不受工件几何形状、尺寸大小的影响，对于小零件可以采用浸液法，对大零件可采用刷涂或喷涂法，可检查任何方向的缺陷。基于这些优点，其应用极为广泛。

液体渗透检测又分着色法和荧光法，就其原理是相同的，都是基于液体的某些物理特性，只是观察缺陷的形式不同。着色法是在可见光下观察缺陷，而荧光法是在紫外线灯的照射下观察缺陷。

液体渗透检测对表面裂纹有很高的检测灵敏度（已能达到检测开口宽度达 0.5mm 的裂缝）。其缺点是操作工艺程序要求严格、烦琐，不能发现非开口表面的皮下和内部缺陷，检验缺陷的重复性较差。

6.3.2　渗透检测的适用范围

在工业生产中，液体渗透检测用于工艺条件试验、成品质量检验和设备检修过程中的局部检查等。它可以用来检验非多孔性的黑色和有色金属材料以及非金属材料，能显示的各种缺陷如下。

① 铸件表面的裂纹、缩孔、疏松、冷隔和气孔；

② 锻件、轧制件和冲压件表面的裂纹、分层和折叠等；

③ 焊接件表面的裂纹、熔合不良、气孔等；

④ 金属材料的磨削裂纹、疲劳裂纹、应力腐蚀裂纹、热处理淬火裂纹等；
⑤ 酚醛塑料、陶瓷、玻璃等非金属材料和器件的表面裂纹等缺陷；
⑥ 各种金属、非金属容器泄漏的检查；
⑦ 在役设备检修时的局部检查。

液体渗透不适用于检查多孔性材料或多孔性表面缺陷，因为缺陷显示的图像难以判断。

6.4 渗透检测的物理基础

6.4.1 物质的分子运动

物质的分子运动在现代物理学中，通常用分子之间的力和分子所具有的能量来解释和说明物质的性质。物质分子的化学特性与它们的成分有关，而它们的物理特性与分子间作用力的大小、分子间的距离大小有关。按照分子间作用力和距离的大小的关系，物质可分成固体、液体和气体三大类。在固体中分子排列紧密，液体中分子排列居中，气体中分子排列最松。所以气体的活动性最大，液体居中，固体最小。

物质的分子是在不断运动的。分子的内能取决于物质的温度，温度升高其平均内能增加，其活动性也随之增加。理想气体的内能为分子动能和分子内原子间的势能之和。物质的量为 ν 的内能表达式为

$$E=\nu\,\frac{i}{2}RT \tag{6-1}$$

式中，i 为分子能量自由度的数目；R 为摩尔气体常量［8.31J/(mol·K)］；T 为开尔文温度。

对于不起化学反应的分子来说，分子的动能同样遵守能量守恒定律。在不引起产生新物质的分子碰撞中，能量完全守恒的碰撞称为弹性碰撞。在碰撞时，固体中的分子仅仅在平衡位置附近振动，而在液体和气体中由于分子具有较大的动能，又因分子之间的距离较大，分子间的吸引力小，所以分子的运动足以克服分子间的吸引力，分子就会产生自由振动。这就形成了液体和气体分子的扩散。

6.4.2 液体的表面张力

液体中分子之间是相互吸引的，但液面的分子与液体内部的分子所受的力是不同的。处于液体内部的分子受到的吸引力来自四面八方、互相均等且处于平衡状态。而液体表层的分子则不一样，它受到向液体内部方向的吸引力大，受到表层外空气分子的吸引力小，不能达到平衡状态，所以液面有自动缩小的趋势，这种使表面收缩的力叫表面张力，如图 6-2 所示。

有一金属框，其中一边 AB 是活动的，框中网着一层液体薄膜。如果 AB 边同相连的两边摩擦力可忽略不计，并且我们不施加任何外力，那么 AB 边将向左移动；因此要保持张紧薄膜平衡，就必须施加外拉力。显然使 AB 边向左移动的力，就是表面张力 f，在数值上与外拉力 F 相等，如式（6-2）所示。而且薄膜边界 L 的长度越大，表面张力就越大。

$$f=aL \tag{6-2}$$

式中，a 为表面张力系数。

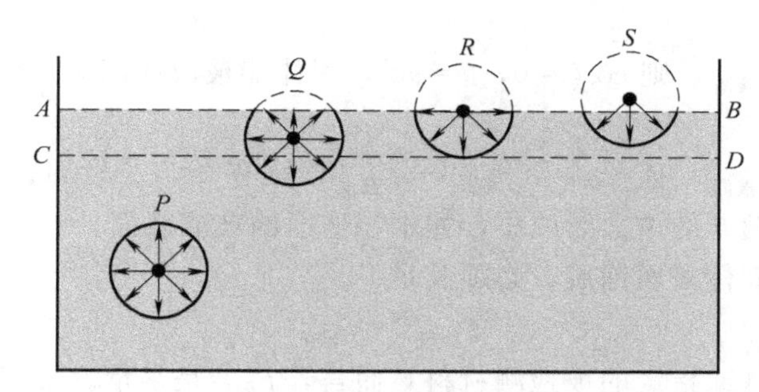

图 6-2　表面张力示意图

在表面张力的作用下，液体表面层有收缩到最小的趋势。例如，一滴液体若不受外力作用，它应为球形。一种物质的表面张力大小与它所接触的另一种物质的性质有关。通常说的某液体的表面张力，是指液体与空气间的界面张力。表面张力是分子间相互作用的结果，故分子间作用力越强，表面张力越大。由于热运动会减弱分子间的作用力，故表面张力随温度升高而减小。

6.4.3　液体的润湿与铺展

液体滴在固体表面，有两种情况发生，一种是液体各个分子之间相互作用力小于液体分子与固体分子之间的相互作用力，液体与固体发生浸润，液珠呈半球状，然后在固体表面铺开。另一种是液体各个分子之间相互作用力大于液体分子与固体分子之间的相互作用力，液滴不与固体发生浸润，不向四周铺开，仍有收缩的趋势。

接触角是指液体与固体间的界面和液体表面切线所夹（包含液体）角度。液体对固体的润湿程度，可用液、固之间的接触角 θ 的大小来表示，如图 6-3 所示。

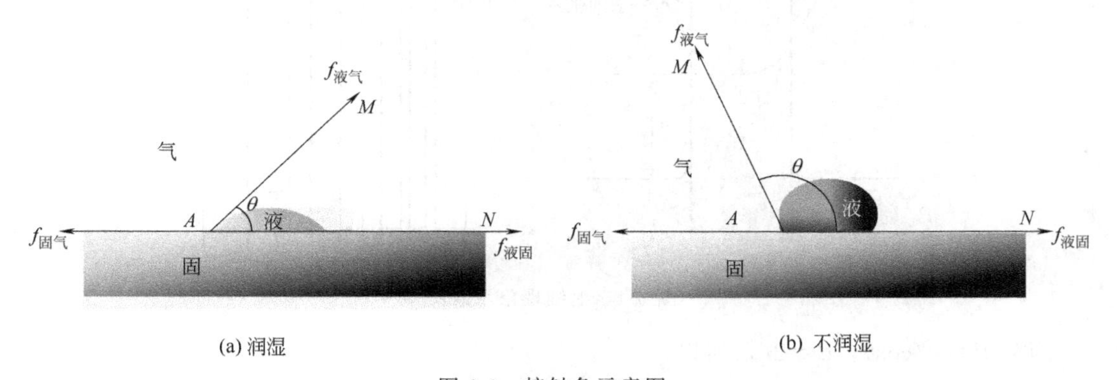

图 6-3　接触角示意图

在液滴与固体、气体相某分界点 A 处，界面张力 $f_{固气}$ 会力图使液滴沿固体表面扩展，而界面张力 $f_{液气}$、$f_{液固}$ 则力图使液体表面收缩。两种力达到平衡时，式（6-3）成立

$$f_{固气}=f_{液固}+f_{液气}\cdot\cos\theta \tag{6-3}$$

转换后得式（6-4）。

$$\cos\theta=(f_{固气}-f_{液固})/f_{液气} \tag{6-4}$$

由式（6-4）可得如下几点结论。

① 如果 $f_{固气}<f_{液固}$，$\cos\theta<0$，液体在固体表面润湿不良。当 $\theta=180°$时，完全不润

湿，如汞在玻璃表面。

② 如果 $f_{固气}=f_{液固}$，则 $\cos\theta=0$，$\theta=90°$，固体能被液体润湿，但是不铺展开来。

③ 如果 $f_{固气}>f_{液固}$，且 $f_{液气}\geqslant f_{固气}-f_{液固}$，则有 $0<\cos\theta\leqslant1$，即有 $0°\leqslant\theta<90°$，液体对固体的润湿程度随 θ 的增大而减小，如水在洁净的玻璃表面。

总之液体若要在固体表面铺展，必须满足

$$f_{固气}>f_{液固} \tag{6-5}$$

对于飞机结构件（或指定的被检测材料）而言，$f_{固气}$是常量。要获得上述 $\cos\theta=1$ 的结果，可在渗透液中加进一些表面活性剂，以改变 $f_{液固}$和 $f_{液气}$的大小，从而获得良好的润湿展铺效果。

6.4.4 液体的毛细管现象

把一根很细的管子插入液体中，如果液体能润湿管子，那么液体会在管子里上升，且管子液面为凹形；如果液体不润湿管子，那么管子里的液体比液面低，且呈凸形，这种弯曲的液面叫弯月面。

通常把这种细管内液面高度变化的现象叫作毛细管现象，又称毛细现象或毛细作用。

在半径为 r 的清洁贯通玻璃管中，一端插入密度为 ρ 液体中，在管内的接触角为 θ，液体表面张力系数为 a，如图 6-4 所示。由于表面张力的存在，毛细管中弯曲的液面内外有一压强差。在液面上取出一小块，设液体表面是半径为 R 的球面的一部分，它受两个力：通过边线作用在液块上的表面张力（形成附加在液面上的压力差）和重力（在此因重力比较小可以忽略）。表面张力 $\Delta f=a\Delta L$，可以分解为两个分量，分别为向上和向右的两个分力。

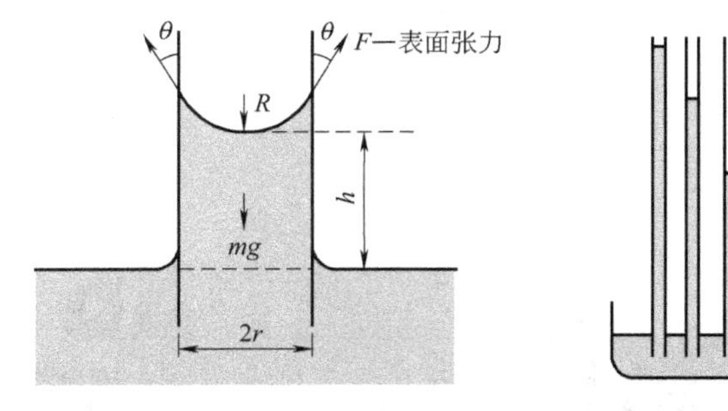

图 6-4 毛细现象示意图

因为 $R=r/\cos\theta$，$d=2r$，所以

$$h=\frac{4\alpha\cos\theta}{d\rho g} \tag{6-6}$$

由式（6-6）可知，若液体表面张力越大，润湿作用越强，液体密度越小，管子半径越细，则液体在管里上升高度越大。

实际检测中，渗透液对工件表面的渗透作用本质上就是液体的毛细作用。这就是：渗透液渗入到表面开口的细小缺陷中去，显像剂又将已渗透到缺陷中的渗透液吸出的工作原理。

由于采用的渗透液都是能润湿零件的，渗透液就可以向缺陷内渗透，并且在裂纹的细槽内出现近似圆柱面的弯月面。圆柱形液面下的附加压强为

$$P_{附}=\frac{\alpha}{R} \tag{6-7}$$

$$P_{附}=\frac{2\alpha\sin\phi}{b} \tag{6-8}$$

式中，b 为裂纹宽度。

缺陷很小，即细槽宽度 b 很小，所以这个附加压强很大，方向指向缺陷内部，迫使渗透液往下渗透，压缩槽内的气体，直到气体的反压强同它平衡为止。

当玻璃管插入水槽中时，管内的水柱会高出槽中的水面。管径愈小者，管中的水柱愈高。

对开口于表面的点状缺陷的渗透就相当于渗透液在细管内的毛细作用；对于表面条状缺陷的渗透，就相当于渗透液在间距很小的两块平板间的毛细作用。显像过程利用的也是渗透现象，当工件表面的一层渗透液被清除以后，缺陷中的剩余渗透液将部分回渗到工件表面——这看起来似乎与前面提到的渗透液渗入缺陷有矛盾。

实际上是当表面那一层多余的渗透液被去除后，缺陷内剩余的渗透液失去平衡，其中一部分会被吸到工件表面上来，直至达到新的平衡。

6.4.5 乳化作用与乳化剂

完成渗透过程后，紧接着就是除液清洗过程。因为材料或工件被检表面剩余渗透液的除净与否直接影响检测的正确性。一般用水清洗最方便。但由于渗透液的主要成分为油液，因此，单纯用水清洗很困难。若在水中加入一些乳化剂，清洗就容易得多，这是因为油水互不相溶，而当加入乳化剂后，由于乳化剂吸附在油水两相界面上，以其亲油基与油相连，亲水基与水相连，把油和水连接起来，从而克服了油水间的相互排斥作用。

6.4.6 渗透液在缺陷中的残留性

在清洗工件表面剩余渗透液的同时，如果连同已渗入缺陷内的渗透液也被清洗了，那就会影响发现缺陷的能力，降低检测灵敏度和可靠性。因此，渗透液在缺陷中不致被清洗掉的能力越强，则检测灵敏度和可靠性就越高。这种能力称为渗透液在缺陷中的残留性。

实际检测中用水清洗时，由于缺陷（特别是裂纹）的开口处与水的接触面有限，该处的混合液含水量容易处在形成凝胶的范围内，封住了裂纹开口处，使已渗入缺陷中的渗透液不被水清洗掉。然而，被检工件表面上的剩余渗透液因接触的水量大，其黏度很低，很容易被清洗掉。

6.5 渗透检验的基本检验程序

6.5.1 试件表面的预清洗

试件表面可经过如酸洗、碱洗、溶剂清洗等使试件表面清洁，防止表面污物遮蔽缺陷和形成不均匀的背景衬托造成判别困难，并且应尽可能地去除表面开口缺陷中的填充物，清洗后还需进行干燥，以保证渗透效果。预清洗工序中特别要注意采用的清洗介质不能影响所应用的渗透液的性能（即不应与渗透液发生反应而导致渗透液失效或性能下降）。

6.5.2 渗透

着色渗透检验采用的着色渗透液一般是加入了红色染料的有机溶剂，并含有增强渗透能力的界面活性剂以及其他为保障渗透液性能的添加剂。也有一种着色渗透液属于反应型渗透液，它本身是无色透明的，但是遇到显像剂后将会发生化学反应而在白光下呈现红色。

渗透液的施加通常可以采用特殊包装的喷罐进行喷涂，或者刷涂，适应于现场检验或者大型工件、构件的局部检验，对于生产线上或者批量小零件，则可以采用浸渍方式，使被检测的试件均匀敷设渗透液并在润湿状态下保持一段时间（工艺上称为渗透时间）以保证充分渗透。

6.5.3 清洗

渗透后清洗或称作中间清洗，根据渗透液种类的不同，有不同的清洗方法。对于溶剂型渗透液采用专门的溶剂型清洗液，对水洗型渗透液可直接采用清水。清洗工序的目的是通过擦拭或冲洗方式将试件表面上多余的渗透液清除干净，但应注意防止清洗时间过长或者清洗用的水压过大以致造成过清洗（即连同渗入缺陷内的渗透液也被清洗掉而失去检验的可靠性），但也不能欠清洗（清洗不足）而导致试件表面残留较多的渗透液以至在施加显像剂时形成杂乱的背景干扰对检测迹痕的辨别。

6.5.4 干燥

清洗后的试件还需经过一定时间的自然干燥（如溶剂型清洗液）或人工干燥（如清水清洗，采用冷风或热风干燥，或者木屑干燥等）。

6.5.5 显像

着色渗透检验的显像剂一般采用白色粉末（例如氧化锌、氧化镁等，用以提高试件上的背景对比度）加入到有机溶剂中并含有一定的胶质（有利于固定、约束迹痕，防止迹痕的扩张弥散而难以辨认），组成均匀的悬浮液。

显像剂的施加方法同样可以采取喷罐喷涂、刷涂，或者快速浸渍后立即提起垂挂滴干等方式，要点是能迅速地在试件表面敷设一层薄而均匀的显像剂覆盖在试件的被检验表面。施加显像剂后，视具体显像剂产品的要求，需要有一个显像时间能让缺陷中的渗透液反渗出来形成迹痕，这个时间一般很短（通常只需要数秒钟，有的甚至即喷即显）。

6.5.6 观察评定

在足够强的白光或自然光下用肉眼观察被检查的试件表面，并对显现的迹痕进行判断与评定。由于是依靠人眼对颜色对比进行辨别，因此除了对于观察用的光强有一定要求外，也对检验人员眼睛的视力和辨色能力有一定的要求（例如不能有色盲）。

6.5.7 后清洗

经过着色渗透检验后的试件必须及时进行清洗，以防止检验介质（渗透液、显像剂）对试件产生腐蚀。

渗透检测缺陷的过程如图 6-5 所示。图 6-5（a）为清洗好的试件；图 6-5（b）为喷撒渗透剂的试件，焊缝表面有一层红色的渗透剂；图 6-5（c）为喷撒显像剂的试件，经过约 7min 的显像，缺陷处由白变红，说明此处存在缺陷。

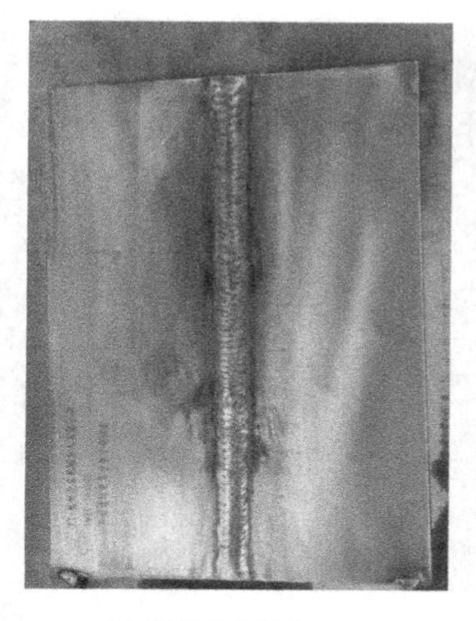

(a) 清洗好的试件

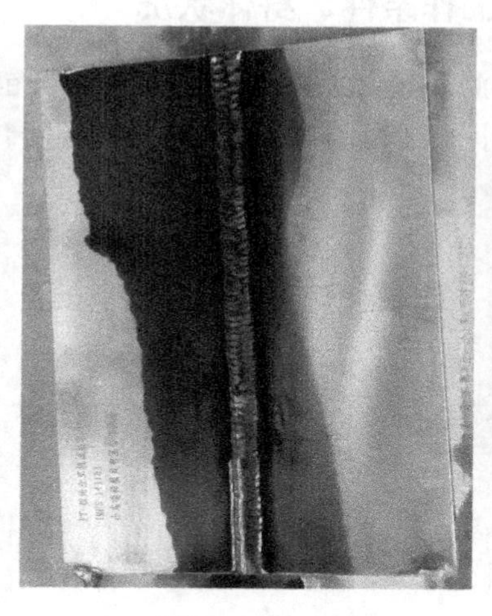

(b) 喷撒渗透剂的试件

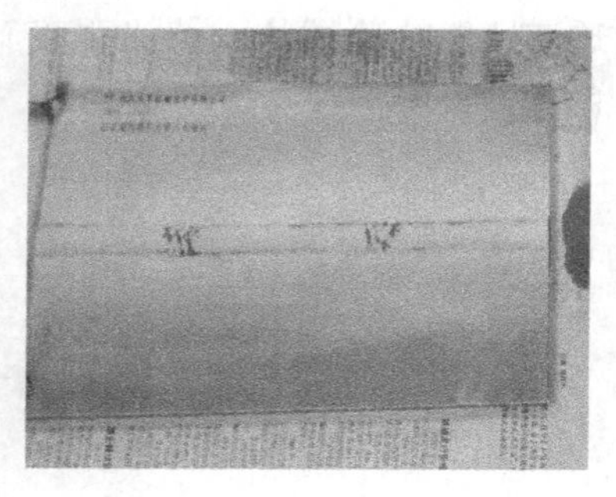

(c) 喷撒显像剂的试件

图 6-5　渗透检测缺陷过程图

6.6　影响渗透检验质量的因素

6.6.1　试件的表面粗糙度

试件表面粗糙时，多余的渗透液不容易清除干净，因而在显像时容易造成背景衬托不清楚而可能产生伪显示（假迹痕）或者遮蔽、干扰对缺陷迹痕的判断与评定。

6.6.2　试件的预清洗与渗透后清洗

试件预清洗不良时，表面污染将会妨碍渗透的进行，特别是表面缺陷内的充填物太多时，将缺陷堵塞，妨碍渗透液的渗入，因而使得缺陷可能无法检出。在渗透后或乳化后的清洗中，清洗过度（例如清洗时间过长、清洗用水的水压过大或者水温过高等）会使一部分已经渗入缺陷的渗透液被洗掉，从而不能检出缺陷，而清洗不足则导致试件表面残留较多的渗透液以至在施加显像剂时形成杂乱的背景，干扰对检测迹痕的辨别甚至出现伪显示。

6.6.3　渗透液的性能

包括渗透能力、着色渗透液的颜色与显像剂的对比度、荧光渗透液的荧光强度等。

6.6.4　显像剂性能

包括吸附渗透液的能力、与渗透液的对比度（背景衬度）、污染情况（特别是荧光渗透检验使用干粉法的氧化镁粉的荧光污染）等。

6.6.5 观察评定的环境条件

包括着色渗透检验时的白光强度、荧光渗透检验时的紫外线辐射强度及环境黑暗度等。

6.6.6 操作人员的经验与工作条件、身体状况

在渗透检测中，为了保证检测质量，相关的辅助设备器材包括渗透检验灵敏度试块、渗透液性能校验试块、荧光强度计、白光照度计、紫外线强度计等配备齐全。检测人员无色盲。

第7章 激光全息检测

7.1 概述

激光全息检测诊断技术是20世纪60年代末发展起来的，并且是激光技术在无损检测领域应用最早、用得最多的方法。在近几十年来，全息无损检测的理论、技术和照相系统都有了很大的发展，使该技术在更广泛的工业领域应用的可行性和实用性有了长足进展，成为无损检测工程学的重要组成部分。目前，激光全息无损检测工程学的重要组成部分。激光全息无损检测约占激光全息总应用的25%。激光全息无损检测应用领域涉及航空航天产品中常用的蜂窝夹层机构脱胶缺陷的检测，复合材料层压板分层缺陷的检测，印刷电路板内焊接头的虚焊检测，压力容器寒风的完整性检测，火箭推进剂药柱中的裂纹和分层、壳体和衬套间的分层缺陷检测，飞机轮胎中的胎面体脱粘缺陷检测、反应堆核燃料元件中的分层缺陷检测等。特别是在对复合材料、蜂窝结构、叠层结构、航空轮胎和高压容器的检测，具有某些独到之处，解决了用其他方法无法解决的问题。

所谓全息术与普通照相术的区别是，普通照相术只是记录了物体表面光波导振幅信息，而把位相信息丢掉了，这样只记录物体表面光波部分信息（二维信息）的照片无论从什么角度看都是一样的。而全息术是利用光的干涉和衍射原理，将物体发射的特定光波以干涉条纹的形式记录下来，在一定条件下使其再现，便形成了物体逼真的三维像。由于记录了物体的全部信息（振幅，相位，波长），因而称为全息术或全息照相。这是一种两步成像的方法，第一步先记录下物体的表面光波，第二步将记录的光波“再现”出来。

当然，目前全息无损检测技术真正应用到生产实际上的项目并不多，大多数项目仍处在实验阶段，离人们的期望相差甚远。这是由于这种技术始终没有摆脱实验室的束缚，没有与计算机技术的图像处理技术很好地结合起来，因而无法实现自动化在线检测而不能扩大其应用范围。

激光全息检测同其他检测方法相比较，特点如下。

① 由于激光全息检测是一个干涉计量术，其干涉计量精度与激光波长同数量级。因此，极微小（微米数量级）的变形均能被检测出来，而且检测的灵敏度甚高。

② 由于激光做光源，而激光的相干长度很大，因此可以检验大尺寸的产品，只要激光能够充分照射到整个产品表面，都能一次检验完毕。

③ 激光全息检测对被检对象没有特殊要求，它可以对任何材料和粗糙表面进行检测。

④ 可借助干涉条纹的数量和分布来确定缺陷的大小、部位和深度，便于对缺陷进行定

量分析。

⑤ 激光全息检测具有直观感强、非接触检测、检测结果便于保存等特点。

7.2 激光全息检测的特点及原理

7.2.1 全息照相的特点

全息照相不仅在成像原理上与普通照相截然不同，而且它还有许多普通照相所没有的奇异特点。

(1) 成像原理上的差别

普通照相必须在胶片和物体之间安放一个针孔（或透镜）使物体上的每一点只有一条光线能够到达胶片，如图 7-1 (a) 所示，然后利用胶片上的感光材料，把物体表面光波的强度记录下来，从而得到物体的形状。全息照相则不用成像系统，而是借助一束与物体光波相干涉的参考光，在胶片处同物体光波相叠加，形成干涉条纹，如图 7-1 (b) 所示。

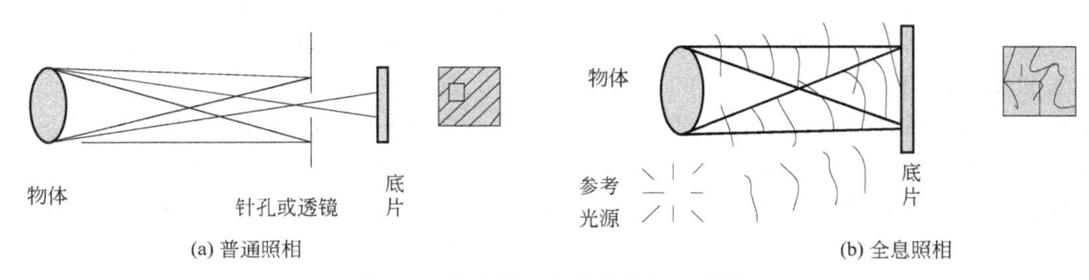

图 7-1　全息照相与普通照相的差别

(2) 全息照相与被摄物物任何相似之处

从全息照相外表上看，只是记录一些干涉条纹，根本看不出在照片上记录了一些什么物体，只有在再现过程中才能看到被摄物的像。

(3) 再现的像是立体像

全息照片在再现过程中，观察者如同观察真是景物一样。当观察者改变位置时，就可以看到物体后面被挡住的部位。若看远近不同的物体，必须重新调焦。

(4) 照片具有可分割性

如果把普通照片撕去一块，就会丢失一部分信息。但全息照片的每一个碎片都能再现原来物体的完整像。这是由于全息照相不用成像透镜，所以全息照片上任何一点都接收到物体整个表面漫反射来的光波。因此，全息照片上任何一块都可以再现出物体的整个表面光波，只是清晰度稍微有不同而已。

(5) 胶片可多次记录许多个图像

在一张全息胶片上可以进行多次曝光，从胶片不同的方向记录多个物体。再现时，每个物体的像可以不受其他像的干扰而单独地显示出来。这是由于各个像再现在不同的衍射方向上，只有在不同的方向上才能看到再现的物体像。

7.2.2 全息照相的原理

图 7-2 是全息照相记录过程的原理图。当激光从激光器发射出来后，经过分光镜被分成

两束光。一束由分光镜表面反射，经过反射镜到达扩束镜，将直径为几个毫米的激光扩大照射到整个物体的表面，再由物体表面漫反射到胶片上，这束光称为物体光束；另一束光透过分光镜后，被扩束镜扩大，再经反射镜直接照射到胶片上，这束光称为参考光束。当这两束光波在胶片上叠加后，形成干涉图案，再经胶片显影处理后，干涉图案就以条纹的明暗和间距变化形式被显示出来，正是这些干涉条纹记录了物体光波导振幅和位相信息。

为了理解全息照相的记录过程，下面简要叙述两个平面光波导干涉情形，如图 7-2 所示。其中一列代表物体反射来的光束，另一列代表参考光束，这两束光波的夹角为 θ。当他们在胶片上相遇叠加时，就产生了一组相互平行、明暗间隔的干涉条纹。条纹的明暗取决于两束光波到达该处的位相差。如果位相差为 π 的偶数倍，也就是两束光波到达该处的位相相同时，就产生了亮条纹，这时叫作相长干涉；如果两束光波到达该处的位相差为 π 的奇数倍即位相相反时，就产生了暗条纹，这时就叫相消干涉。如果两束光波到达该处的位相既不相同也不相反时，则形成干涉条纹的亮度相应地介于上述两种明暗条纹之间，而条纹的间距，取决于这两束光的夹角 θ。设 d 为相邻两个明条纹（或两个暗条纹）的间距，按布拉格方程式有

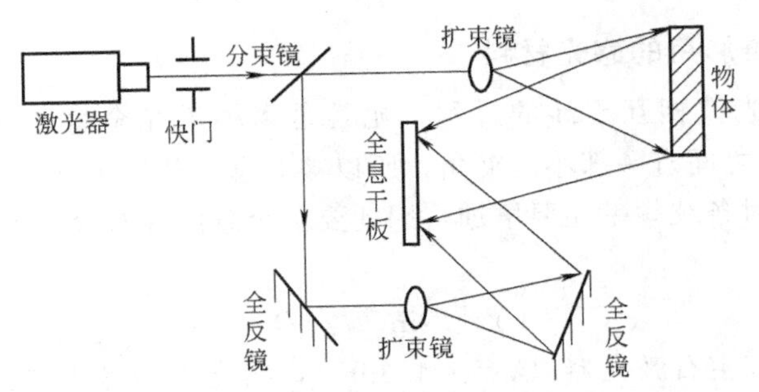

图 7-2　全息照相记录过程的原理图

$$d=\lambda/2\sin(\theta/2) \tag{7-1}$$

式中，λ 为光波导波长。

从式（7-1）可以看出，明暗条纹的间距取决于在该处发生干涉的两个光波之间的夹角，夹角大的地方，条纹间距就大；夹角小的地方，条纹间距就小。这样，就在整个全息胶片上形成了一些明暗不一、间距不等的干涉条纹，犹如许多花纹和斑点交织的图案。

因上述情况是在两束平面相干波长中产生的干涉现象，在实际情况中，物体的表面光波并不是一个简单的球面光波，而是形状复杂的光波，而且参考光波也不一定都是平面光波，所以，他们叠加时，所产生的干涉图案也就非常复杂，但是原理却相同。

7.2.3 拍摄全息图像需要具备的条件

7.2.3.1 激光全息摄影的光源

激光全息摄影是一个干涉过程，因而它的光源必须具有良好的时间相干性和空间相干性的相干辐射源。空间相干性是量度一种波前的相位均匀性，如平面波前或球面波前都认为是空间相干波前。若它们的相位是天然随机的或变化显著，则称此光源的空间相干性很差。

在离轴全息图中，对物体的照明光束没有空间相干性的要求，但要求参考光束有良好的空间相干性。空间相干性不好，就会使再现像的分辨率局部或全部减低，严重的会使再现像消失。

时间相干性是以时间度量两个相继波前的相位恒定性。时间相干性通常以光束有良好的空间相干性。在此长度中两个相继波前彼此能保持稳定的相位关系。如把一个相干光源用于干涉仪的相干测量，当干涉仪的两个臂光程相等时，由它们干涉产生的干涉条纹的调制度 M 定义为

$$M=\frac{I_{max}-I_{min}}{I_{max}+I_{min}} \tag{7-2}$$

式中，I_{max}、I_{min} 分别表示干涉条纹辐照度数值的极大值和极小值。

调制度越大，在底片（全息干板）上曝光形成的光栅衍射效率越高。如果全息图上的干涉条纹衍射效率高，全息再现像的亮度及分辨率就高。改变一个臂的长度直到干涉现象消失为止。此时两臂的光程差就是该相干光源的时间相干性，也叫相干长度。相干长度与光源的频带宽度成反比，具有单一频率的光源相干长度为无穷大。目前，用于全息摄影的较理想的激光光源有连续波的氦氖激光器（$\lambda=632.8$nm），氩离子激光器（$\lambda=488$nm 和 514.5nm）和脉冲红宝石激光器（$\lambda=694.3$nm）。

7.2.3.2 激光全息摄影用的感光材料

因为全息摄影是光波相互干涉的过程，尤其是离轴激光全息图（利思-厄帕特尼克斯型），参考光与物光束之间有一部小的夹角，所以被全息底片记录下来的干涉条纹频率很高，在记录三维物体景象时条纹频率还要增加，因此要求全息底片有极高的分辨率。空间分辨率 γ 的表达式为

$$\gamma=2\sin(\theta/2)/\lambda \tag{7-3}$$

当全息摄影使用红宝石激光器（$\lambda=694.3$nm），物光与参考光之间的夹角在 $200\leqslant\theta\leqslant1800$ 时，要求全息底片的空间分辨率为 509～28801 lp/mm。可见 γ 与使用的激光波长 λ 及物光与参考光夹角 θ 有关。式（7-3）所提出的是最低限度要求，在记录三维漫反射景象时分辨率的要求还要高些。这样高的分辨率要求，一般的照相底片上是达不到的，必须使用全息记录介质。常用的记录介质按材料分类如表 7-1 所示。

表 7-1　全息记录介质分类表

分类	记录过程	调制方式	重复使用	存贮时间
卤化银乳胶	还原金属银	光密度改变	否	永久
重铬酸盐明胶	光致铰链	折射率改变	否	永久
光致抗蚀剂	形成有机酸，光致铰链或光致聚合	表面浮雕	否	永久
光致聚合物	光致聚合	折射改变或表面浮雕	否	永久
光导热塑料	形成带电场地静电潜影，产生热塑料变形	表面浮雕	可	永久
光致变形材料	一般是光诱导出新的吸收带	光密度改变或折射率改变	可	几分钟或几个月

其中卤化银乳胶是全息摄影最常用的一种记录介质，它的感光、冲洗特性与一般摄影底片基本相同。它的种类与性能由表 7-2 列出。

表 7-2 卤化银乳胶

型号	厚度/μm	灵敏波长/nm	曝光量/(J/cm²)	极限分辨率/(cy/mm)
天津 I 型	6～7	633	30	＞3000
天津 II 型	6～7	694	38	＞3000
HP633P	10	633	约 300	＞4000
Kodak 649F	6～17	(全色)	80	＞3000
Kodak 120n	5	600～700	42	＞3000
Agfa 8E70	6	633(全色)	20	3000
Agfa 8E75	6	694(全色)	20	＞3000
Agfa 8E75	6	694(全色)	50	约 2500

7.2.3.3 激光全息摄影过程中的防振

激光全息摄影是将干涉条纹记录在照相乳剂上，为了保证所记录的干涉条纹具有高度反差，在去全息摄影过程中，要求由于意外振动而使物光和参考光之间的光程差产生动随机变化小于 1/4 波长，或由于某个光学元件的抖动使干涉条纹相对于底片 1/4 条纹间隔的位移，否则不但得不到高反差的干涉条纹，甚至使全息底片均匀曝光而得不到干涉条额外的记录。全息摄影如果用连续激光器如氦氖激光器，由于它的功率较低，全息摄影曝光时间需要数十秒钟，这样长的曝光时间，如果不采取防振措施就无法拍摄到全息图，这就要求把全息摄影器件、激光器连同被拍摄物体都放在防振台上。即使使用了防振台，对于周围环境的干扰诸如气流、噪声等也有一定要求。

当然如果使用脉冲红宝石激光器作为光源进行全息摄影，由于曝光时间是 ns 量级，在这样短的时间里，由振动产生的物光和参考光之间的光程差还不足以大于 1/4 波长，也不会产生过大的条纹移动，因此就不需要采取这种防振措施。

7.2.3.4 其他条件

为了得到一个好的全息图，除了上面是那个条件外，还要考虑诸如物光与参考光的等光程问题，物光与参考光的光强比等。

根据相干长度的概念，在全息摄影中，物光和参考光程为零或为波长的偶数倍时所获得全息图的干涉条纹的调制度最大，因此，再现全息像的亮度就高，分辨率也高。

当为拍摄一个漫反射物体的全息图布置光路时，要使分束器算起到全息底片的参考光光程与从分束器算起到物体的最近点再反射到全息底片的物光光程相等，那么物光束与参考光束的光程差就是由被拍摄物体的深度引起的光程差，这个光程差不能大于激光器的相干度。相干度越长，全息摄影的光路布置越自由。如果物体的深度在激光器的相干长度之内，物体的全息再现像的亮度分布就与物光束照明物体时的亮度分布相一致。如果物体的深度大于激光器的相干度，在物体的全息再现像上就会出现明暗相同的条纹，它使物体全息再现像的分辨率大大下降。当用二次曝光方法对物体进行无损检测时，它就会干扰由于物体变形、内部缺陷而产生的干涉条纹的分辨率。

参考光与物光的光强比是影响全息图干涉条纹调制度的另一个因素。物光与参考光的光强比为 1∶2～1∶9 时，能使再现光有最大的衍射效率，因为像的亮度最佳。但产生清晰度最好的再现像并不完全取决于此值，最终到达全息底片上的光强比 1∶3～1∶5 最佳。这个比值由分束器和物体的反射性能决定，并可用多种方法加以改变。一种方法就是在玻璃基体的圆周上镀以变密度的银构成的圆形分束器，转动这种分束器就可以改变两束光的强度比。也可以用改变光路中扩束镜的距离或在光路中加中性滤光片来实现。

再一个因素是物光与参考光之间的夹角。一般来说，当参考光与物光之间的夹角减少时，全息图的衍射效率增加。对于在底片和物体之间的一个给定距离，可以算出使物体的再现像和再现光束恰好分开的最小角度。实验中取最小角度的 1 倍，但应避免使角度大于 90°，否则对全息底片所要求的分辨率将超过 2000 lp/mm。

7.2.4 全息干涉检测原理

全息无损检测是全息干涉计量技术的实际应用。全息无损检测原理就是建立在判断全息干涉条纹与结构变形量之间关系的基础上。

在外力作用下，结构将产生表面变形。若结构存在缺陷，则对应缺陷部位的表面变形与结构物缺陷部位的表面变形是不同的。这是因为缺陷的存在，使缺陷部位的刚度、强度、热传导系数等物理量均发生变化的结果。因而缺陷部位的局部变形与结构的整体变形就不一样。应用全息干涉计量的方法，可以把这种不同表面的变形转换成光强表示的干涉条纹由感光介质记录下来。如果结构不存在缺陷，则这种干涉条纹只与外加载荷有关，且干涉条纹衫有规律的，每一根条纹都表示结构变形等位移线；如果结构中存在缺陷，则缺陷部位的条纹变化不仅取决于外加载荷，还取决于缺陷对结构的影响。因为在缺陷处产生干涉条纹，是结构在外加载荷作用下产生的位移线与缺陷引起的变形干涉条纹叠加的结果。这种叠加将引起缺陷部位的表面干涉条纹畸变。根据这种畸变则可以确定结构是否存在缺陷。图 7-3（a）所示为一叠层结构，前壁板之间局部脱胶，若以热辐射作用与所示结构前壁板上，前壁板表面温度升高。里面的胶层起隔热作用，使得后壁板的温度变化较小。它相当于两层有温度差的板组合而成为一个准双金属片。这种结构将出现一定程度的弹性变形，弹性变形的大小取决于两块板的物理性能和相对厚度。然而脱胶区壁板之间是无约束的，前壁板的变形则不受后壁板的影响，从而使脱胶区和它周围非脱胶区之间产生了变形差，如图 7-3（b）所示。如果将这种变形差用两次曝光全息干涉法记录下来，反映在全息图上，会发现缺陷部位干涉条纹将产生畸变，即形成封闭的“牛眼”条纹区就是结构的脱胶部位。

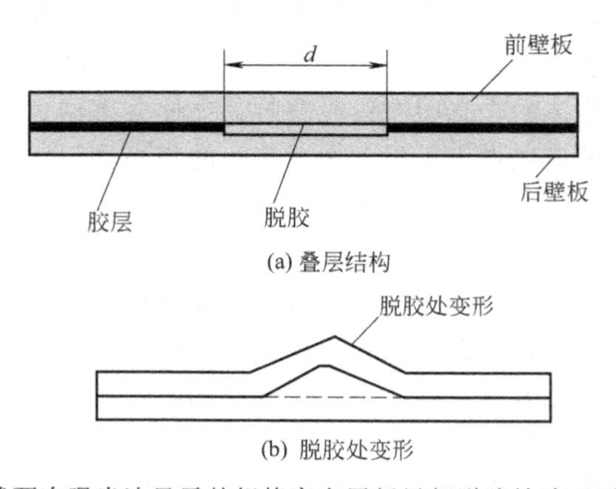

(a) 叠层结构

(b) 脱胶处变形

图 7-3　热加载两次曝光法显示的铝蜂窝夹层板局部脱胶缺陷于干涉条纹畸变图

7.3 激光全息检测诊断方法

7.3.1 检验方法

激光全息检验所一种全息干涉计量术，它是激光全息照相和干涉计量技术的综合。这种技术的依据是物体内部缺陷在外力作用下，使它所对应的物体表面产生与其周围不相同的微量位移差。然后用激光全息照相的方法进行比较，从而检验出物体内部的缺陷。

对于不透明度物体，光波只能在它的表面上反射，因此只能反映物体表面上的现象。然而，物体表面与物体内部是相互联系着的，若给物体一定的负荷（例如机械的或热脉冲的载荷），物体内部的异常就能表现为表面的异常。当然，外界载荷应以不使物体受损为限。

观察物体表面微量位移差点方法有以下三种。

7.3.1.1 实时法

先拍摄物体在不受力时的全息图，冲洗处理后把全息图精确地放回到原来拍摄时的位置上，并用拍摄全息图时代同样参考光照射，则全息图就再现出物体三维立体像（物体的虚像），再现的虚像完全重合在物体上。这时，对物体加载，物体的表面会产生变形，受载后的物体表面光波和再现的物体虚像之间就形成了微量的光程差。由于这两个光波都是相干光波（来自同一个激光源），并几乎存在于空间的同一位置（因变形甚小），因此这两个光波叠加仍会产生干涉条纹。假如物体内部没有缺陷，则受载后的物体表面变形是连续规则的，所产生的干涉条纹的形状和间距的变化也是连续均匀的，并与物体外形轮廓的变化相协调。物体内部如没有缺陷，受载后对应于内部有缺陷的物体表面部位的变形就比周围的变形要大。因此，当与再现虚像的光波相干涉时，对应于有缺陷的局部地区，就会出现不连续的突变干涉条纹。

由于物体的初始状态（再现的虚像）和物体加载状态之间的干涉度量比较是在观察时完成的，所以称这个方法为实时法。这种方法的优点是只需要一张全息图就能观察到各种不同加载情况下的物体表面状态，从而判断出物体内部是否含有缺陷。因此，这种方法能经济、迅速而准确地确定出物体所需加载量的大小。

激光全息检测的缺点如下。

① 为了将全息图精确地放回原来的位置，需要有一套附加机构以便使全息图位置的移动不超过几个光波导波长。

② 由于全息干版在冲洗过程中乳胶层不可避免地要产生一些收缩，当全息图放回原位时，虽然物体没有变形，但仍有少量的位移干涉条纹出现。

③ 显示的干涉条纹图样不能长久保留。

为了解决全息图精确复位的困难，也可以采用“就地显影”的方法。当全息干版感光以后，不再从干版架中取下，而直接在原位冲洗处理。有的激光全息照相设备本身附带有显影装置，可以进行就地显影。至于乳胶层的收缩变形问题可以采用下述的“两次曝光法”来克服，或在原位冲洗法中先放入清水进行曝光。

在观察实时条纹时，为了改善条纹对比度，常常改变光路的分光比，增加再现物象的亮度而减少原物体的照明光强。这可以采用可调分光器或在光路中放置（或去掉）滤光器来实现。总之，要使再现像光强和物体反射光强和物体反射光强大致相同，以获得较好的条纹对比度为准。

7.3.1.2 两次曝光法

两次曝光法是将物体在两种不同受载情况下的物体表面光波摄制在同一张全息图上，然后再现这两个光波，而这两个再现光波叠加时仍然能够产生干涉现象。这时，所看到的再现像除了显示出原来物体的全息像外，还产生较为粗大的干涉条纹图样。这种条纹表现在观察方向上的等位移线，两条相邻条纹之间的位移差约为再现光波导半个波长。若用氦-氖激光器作为光源，则每条条纹代表大约为 0.316μm 的表面位移。从这种干涉条纹的形状和分布来判断物体内部是否有缺陷。

两次曝光法是在一张全息片上进行两次曝光，记录了物体在发生变形之前和之后的表面光波。这不但避免了实时法中全息图复位的困难，而且也避免了感光乳胶层收缩不稳定的影响，因为这时每一个全息图所受到的影响是相同的。此外，此法系永久性记录。其主要缺点是对于每一种加载量都需要摄制一张全息图，无法在同一张全息图上看到不同加载情况下物体表面的变形状态，这对于确定加载参数是比较费事的。

两次曝光法和实时法一样，在研究物体两种状态之间的变化时，其变化不能太大或者太小，要在全息干涉分析限度之内（几个、几十个波长）。如果太大，全息图再现的干涉条纹太密，以致人眼分辨不出来；若变化太稀少，也不能进行准确测量。因此选择合适的变化状态是这两种检测方法中应注意的问题。

两次曝光法中干涉条纹的产生由两个因素决定，一是两次曝光时间间隔中间物体状态的变化；一是两次曝光时，光波频率的变化。后一种因素往往使问题复杂化，有时频率的变化甚至达到使干涉条纹无法形成的程度。所以，为了保证获得清晰度干涉条纹，要严格控制激光器输出光波频率的稳定性。

7.3.1.3 时间平均法

时间平均法是在远比振动周期长得多的时间内对稳定振动的物体进行曝光，就像对精致物体拍摄全息图的过程一样。全息干版将振动物体在两个端点状态记录下来，当再现全息图时，这两个端点状态的像就相互干涉而产生干涉条纹。用干涉条纹图样的形状和分布来判断物体内部是否有缺陷。所谓时间平均法可以理解成反复多次的两次曝光，这种方法对于稳定的周期振动分析非常有效，是迄今为止振动分析方法中最好的一种。

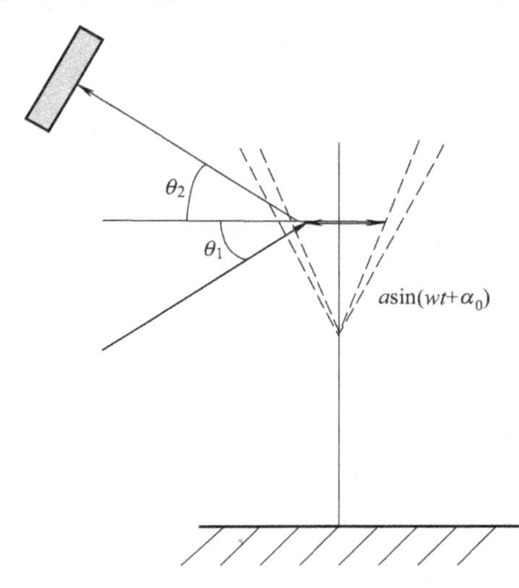

图 7-4 稳定周期振动

由于全息术是一种干涉术，任何不稳定的振动将导致干涉条纹的移动。如在摄制静态物体的全息图时发生这种情况，将引起全息图上干涉条纹的混叠。但对于稳定周期振动，如图 7-4 所示，振动体各点的振幅恒定的，只不过在两个端点之间周期变化而已。因此，对应的干涉条纹位置也是恒定的，只是由于振动体在振动的各个位置上停留的时间不同，使整个像上的条纹亮度呈不均匀分布，停留时间长的地方亮度大，而停留时间短的地方亮度小而已。由于振动物体做正弦式的周期性振动，因此，把大部分时间消耗在振动的两个端点上，所以，全息图上所记录的状态实际上是物体在振动的两个端点状态的叠加。

7.3.2 加载方法

无论用哪种全息干涉法来检测结构存在的缺陷，都是比较结构在外载荷作用下使结构产生变形所引起的表面反射光波光程的变化，记录和分析这种光波光程变化所形成的干涉条纹是检测的关键。因此，对被检结构施加合适的载荷是很重要的。目前，常用的加载方法有以下几种。

7.3.2.1 机械加载

机械加载包括拉伸、弯曲、扭转和集中力等。机械加载常用来检测金属、陶瓷、混凝土等材料的裂纹缺陷，同时也常用于对结构进行应力、应变分析。机械加载检测灵敏度与裂纹取向有关。如果力度方向使裂纹产生张开位移，则裂纹容易发现；如果施加的外力使裂纹闭合，则被检裂纹就不易发现。对各向异性材料，检测灵敏度还与结构取向有关，易变形方向的缺陷容易发现；不易变形方向的缺陷就难发现。机械加载是通过表面位移的变化来反映裂纹缺陷的。因此，倾斜照明或观察方向能改善全息干涉法对表面内位移的灵敏度。机械加载方法是一种常用的加载方法，容易实现，而且在高温和腐蚀条件下也可以进行。

7.3.2.2 冲击加载

冲击加载时用摆锤或自由落体锤撞击被检物体，撞击作用使物体中形成应力波并向周围传播。应力波传到缺陷处，由于缺陷的作用，使得应力波形发生变化。用双脉冲全息干涉计量术记录应力波发生变化的干涉条纹图，即可确定缺陷所在部位。这种加载只限于用固体脉冲激光为光源的全息干涉计量。它可以对涡轮叶片、钢板、铝板、压力容器中的缺陷进行检测。

7.3.2.3 增压加载

对于有孔蜂窝接口、轮胎、压力容器、管道等产品，可以用内部充气增压加载的方法进行全息检测。例如有孔蜂窝夹层结构当内部充压后，蒙皮在压力作用下向外鼓起。在脱胶处由于蒙皮和蜂窝芯之间没有粘住，该处蒙皮在气压作用下向外鼓起的变形比周围粘住的蒙皮变形要大，形成脱胶处相对于周围蒙皮变形有了一个微小位移差，通过全息干涉法把这种位移差转换成光强的变化而形成干涉条纹图。这种全息条纹图，除了显示出蜂窝结构形状外，还会在脱胶缺陷处出现封闭闭环状条纹图。由于全息干涉法记录结构表面位移非常敏感，所以用这种加载方法所摄制的全息干涉条纹图很直观，检测效果好。

7.3.2.4 真空加载

对于叠层结构、钣金胶接机构、无期空蜂窝夹层结构及轮胎等可以采用抽真空的方法进行加载，同样能够造成缺陷表面内外压差引起表面变形。在被检构件上加一个光学透明的真空室，开始时真空室内有 10.666kPa（80mmHg）的低真空，使真空室密封地吸在面板上，并进行两次曝光法全息记录第一次曝光。然后提高真空室内的真空度（减小真空室内压），迫使脱胶区向真空室外侧方向发生变形，直到机构力系达到平衡为止，随即进行全息记录的第二次曝光，这样缺陷和结构的变形以干涉条纹的形式记录下来。

7.3.2.5 加热法

这种方法是对物体施加一个温度适当的热脉冲，物体因受热而变形，在内部有缺陷处，由于传热较慢，相对于缺陷周围的温度要高些。因此，造成该处的变形量相应也大些，从而形成缺陷处相对于周围的表面变形有一个微量位移差，可用激光全息照相记录突变的干涉条纹图样。

加热的方式可以用碘钨灯或红外线灯在物体表面直接照射加热，也可以用电炉、热风加热物体。这种加载的方法也是比较方便的。

由于这种加载方式是对物体施加热脉冲，当加热刚停止时，物体中的温度梯度大。这时，物体内部的缺陷地区所造成的变形也大，最容易显示出缺陷图案来。但是，这时物体的整体变形也很大，因而所显示的干涉条纹之间的距离很小（干涉条纹稠密），不便于对干涉条纹进行观察和分析。只有让物体充分冷却后，使物体的整体变形小时，而物体内部不有缺陷地区的变形由于有一些滞后现象，还来不及完全消失时，才能够对干涉条纹进行分析，揭示出缺陷来。这样不但影响了检验的速度，而且对于埋藏较深的缺陷也不易发现，直接影响了检验的灵敏度。为了解决这个问题，可以采用干涉条纹控制技术，使干涉条纹局部得到放大而显示出缺陷来。

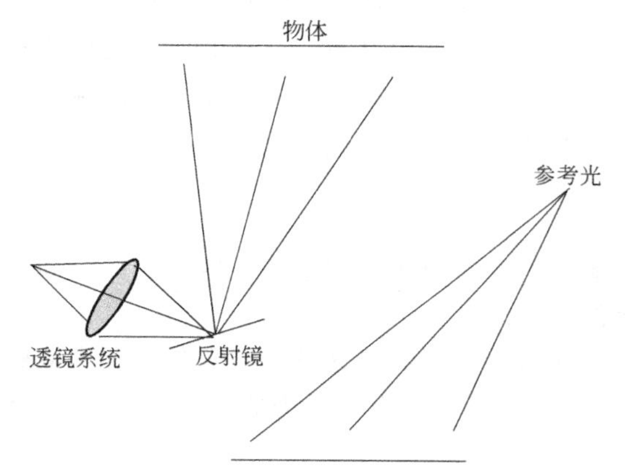

图 7-5 实时法全息检验控制干涉条纹的原理图

图 7-5 为实时法全息检验时控制干涉条纹的原理图。其中反射镜可以倾斜，能够绕着它的垂直轴线和水平轴线转动。当转动反射镜时，可以移动干涉条纹的部位。透镜系统可以沿着透镜光轴移动。当移动透镜时，便可增大条纹的间距。这样，可以在物体还未冷却以前就查知其中缺陷的存在。一方面加快了检验速度，另一方面也能够揭示出关于物体完整性的最大细节。

加热加载的主要优点是简单、方便；缺点是对缺陷的显示不如其他加载方式清楚，也不容易确定缺陷所在的深度。另外，加热法加载时，要防止由于冷热空气的对流而使物体产生过大的振动，这会使得干涉条纹发生移动而影响观察和记录的效果。

7.3.2.6 声振动法

把一个宽频带的换能器（通常用压电晶体）胶接在试件的表面上，调节驱动电压来改变激振频率，在振动期间使全息干版感光。在缺陷区域，由于表面的结合松动或者能够完全自由振动，它的振幅就比其他地区大，因而在图像中就显示出一组特殊的干涉条纹，把松动区域的表面轮廓勾画出来。可以通过调节换能器的频率，使其与缺陷部位表皮形成共振，这样时间的整体振动则可以忽略不计。有时为了提高激励能量，可以将换能的能量通过铝质的实心角柄传到试件表面。用这种换能器可以在角柄尖角输出端得到约 $10\mu m$ 的位移，而且不必胶接到试件表面，这就大大简化了操作过程。

声振动法的特点就是它能够提供缺陷大小和深度的一种量度。因为一个脱粘缺陷区域被声信号策动时，它就会像一个鼓似的以它的共振频率（基频）振动，要确定这个共振频率，可用实时法观察。一方面增加策动换能器的频率，一方面通过全息图进行观察，在达到共振

频率时，马上会出现干涉条纹的异常变化。按照基频振动公式

$$f_0=0.467\frac{h}{a^2}\sqrt{\frac{r_0}{\rho(1-\mu^2)}} \tag{7-4}$$

式中，h 为脱粘表皮厚度，mm；a 为脱粘处的半径，mm；r_0 为杨氏模量；ρ 为密度；μ 为泊松比。

根据实时观察到的脱粘区域，可以确定 a 值大小，从而可以算出 h 值来，即缺陷距表面的深度。

上述几种加载方式各有其特点，但无论采用何种方式，其目的是将物体内部的缺陷反映到物体表面上来。一般使物体表面产生 0.2μm 的微量位移差，就可以使物体内部的缺陷在干涉条纹图样中有所表现。但是如果缺陷位置过深，在无损加载时，缺陷反映不到物体表面或反映甚微，那么，激光全息照相就无能为力了。

7.3.3 诊断技术

激光散斑检测技术于 20 世纪 80 年代初期开始应用于无损检测领域，其基本原理是通过被检物体在加载前后的激光散斑图的叠加，从而在有缺陷部位形成干涉条纹，由于是利用物体表面反射光通过棱镜后产生的微小剪切量形成散斑干涉图，不需要参考光路，因此外界干扰的影响小，检测时不需要防振工作台，便于在现场使用。随着激光散斑测量技术的发展，采用 CCD 摄像机输出干涉图像信号，省去了显影定影等繁杂的湿处理手续，大大提高了检测效率，同时可直接将输出的数字信号与计算机连接，自动处理，并可在计算机屏幕上实时观察到干涉图形，现场应用十分方便。

7.4 激光全息检测的应用

7.4.1 蜂窝结构检测

蜂窝结构检测是一种复合构造的板、壳结构，它的两个表面由很薄的板材做成，中间夹以较轻的夹芯层。前者称为表板，要求强度高；后者称为夹层，要求重量轻。第二次世界大战时，为了充分利用木材资源，英国的“蚊式”轰炸机上就采用了全木质夹层结构。一般夹层结构用于机翼、尾翼、机身、箭体、箭头、减速板、发动机短舱、隔音装置、防火隔板等。与薄壁结构的薄蒙皮相比，夹层板的厚度大得多，抵抗失稳能力强，重量还可减小，而且表面光滑，气动外形良好。但它的制造工艺复杂，工艺质量又不易检验，所以应用受到限制。夹层结构表面的材料有铝合金、不锈钢、钛合金和各种复合材料。夹层材料有轻质木材、泡沫塑料等，也可用金属材料或复合材料制成波纹板夹层或蜂窝型夹层。夹层与表板一般用胶黏结在一起，也可用熔焊、焊接连接，形成整体。在总体受力分析中，认为上、下两表板只承受表板面内的拉、压力和剪切力，不能承受弯矩和扭矩，而中间夹层只承受垂直于夹层中间的切力。夹层结构与一般板壳结构受力分析的唯一差别在于挠度计算中除了考虑弯曲力矩产生的挠度外，还要考虑剪力的影响。夹层结构的两表板之间距离较大，所以夹层结构的弯曲刚度比一般板壳结构大得多，失稳临界应力显著提高。夹层结构自身不用铆钉，免除了钉孔引起的应力集中，提高了疲劳强度。夹层结构与相邻结构的连接较为复杂，夹层本身的局部接触强度较弱，又需承受连接的集中力，因此必须妥善进行接头设计。

蜂窝结构的缺陷借助于全息照相方法，可以检测出其中的缺陷。

加载方法：内部充气、加热及表面真空等。

全息照相方法检测蜂窝夹层结构，具有良好的重复性、再现性和灵敏度，如图 7-6 所示。

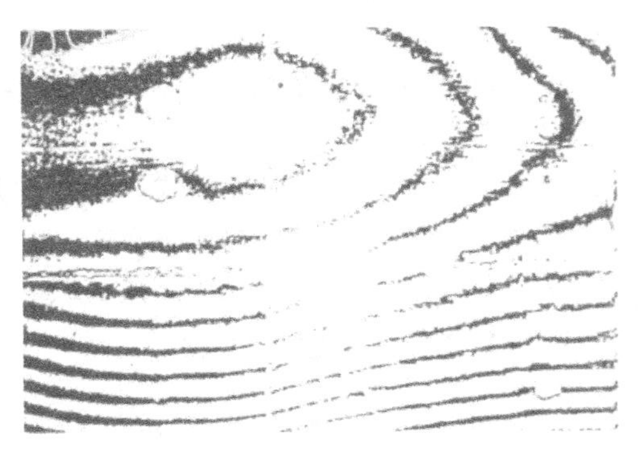

图 7-6　全息照相方法检测蜂窝夹层结构

7.4.2　复合材料检测

复合材料因具备几种材料的综合性能而被广泛应用，但也因元素及材料界面结合不理想而产生较多缺陷，需要检测其内部缺陷。如新型复合材料——硼或碳高强度纤维本身粘接以及粘接到其他金属基片上的材料。由于纤维、纤维层之间及与基片之间脱粘或开裂，导致材料刚度下降，甚至导致材料损坏。全息照相可检测出此类缺陷，如图 7-7 所示。

图 7-7　全息照相方法检测复合材料性能

7.4.3　胶接结构检测

粘接技术——借助胶黏剂在固体表面上所产生的粘合力，将同种或不同种材料牢固地连接在一起的方法。有两种主要的粘接形式。

① 非结构粘接——指表面粘涂、密封和功能性粘接，典型的非结构胶包括表面粘接用胶黏剂、密封和导电胶黏剂等。

② 结构型粘接——将结构单元用胶黏剂牢固地固定在一起的粘接现象。其中所用的结构胶黏剂及其粘接点必须能传递结构应力，在设计范围内不影响其结构的完整性及对环境的适用性。

如固体火箭发动机外壳、绝热层、包覆层及推进剂药柱各界面之间要求无脱粘缺陷。

如果用X射线检测，只能检测产品气泡、夹杂物等缺陷。而超声波检测，在曲率较大的部位或棱角处无法接触而形成“死区”。只有全息检测，能有效地克服上述两种检测方法的缺点。如火箭发射需要的推进剂药柱，采用激光全息照相技术，能发现大面积脱层现象，见图7-8。

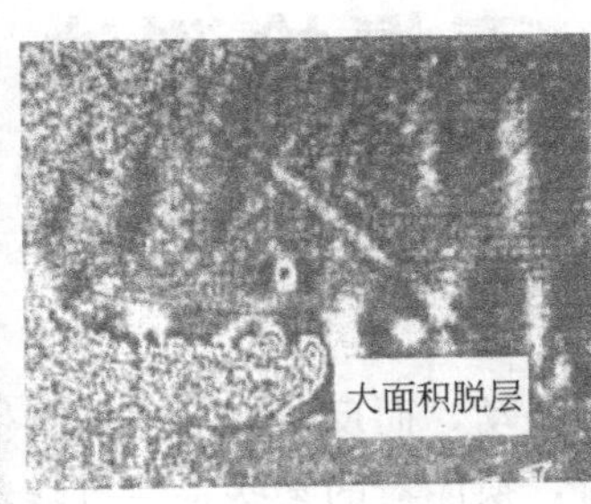

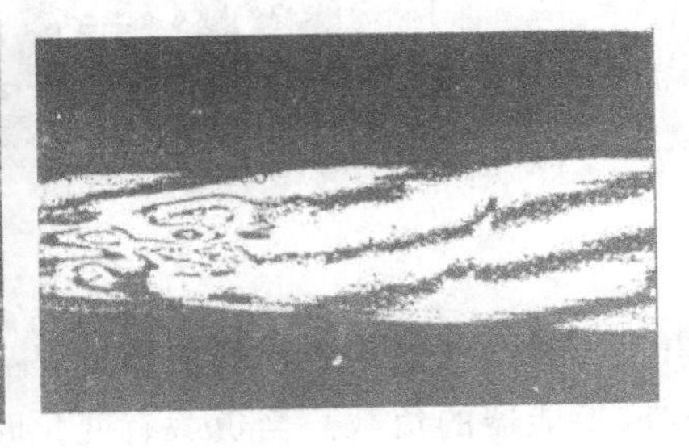

图7-8　激光全息照相检测药柱

7.4.4　压力容器检测

焊缝和母材中形成的裂纹缺陷在使用中会形成疲劳裂纹。采用激光全息照相注水加载法，能检测出3mm厚的不锈钢容器中宽度为5mm、深度为1.5mm左右的环状裂纹，如图7-9所示。

(a) 合格产品

(b) 不合格产品

图7-9　不锈钢容器的全息照相检测

第8章 声振检测法

声振检测法就是用声换能器激发样品振动，而反映样品振动特性的力阻抗反作用于换能器，构成换能器的负载。当负载有变化时，换能器的某些特性也随着变化。

声振检测是激励被测件产生机械振动，通过测量被测件振动的特征来判定其质量的一种无损检测技术。

8.1 检测原理

单一频率情况下的机械振动基本方程

$$F=Zu \tag{8-1}$$

$$Z=j\omega M+\frac{i}{j\omega C}+R=jX+R \tag{8-2}$$

式中，F 为机械振动的驱动力；u 为质点的振动速度；Z 为等效力阻抗；M 为等效质量；C 为等效柔顺性；R 为等效损耗阻；i 为电流；ω 为圆频率。

Z 的数值与胶接状态密切相关，通过测量 Z，或在 F 一定时测量 u，就可对胶接质量进行相对检测。换能器不同特性的测量有振幅法、频率法和相位法等。

8.2 检测方法

8.2.1 频率检测法

对构件施加一冲击力，它将在其所有的振动形态下振荡，为所有形态自然频率和阻尼的函数。通过频谱分析，可将构件受冲击产生的响应时间记录变换成相应的频谱，从而在频谱中辨认被检构件的自然频率。纤维增强塑料检测的响应幅度及检测仪器见图 8-1。

8.2.2 局部激振法

局部激振是对被测结构的一点或多点施加激励，使其发生振动，并对所有欲测的各点测量其结构的局部性能。分为单点激振法和多点激振法。

8.2.2.1 单点激振法

（1）振动热图法

对损伤的复合材料施加周期应力时，在各种裂缝和边缘之间会发生相对运动（阻尼）而

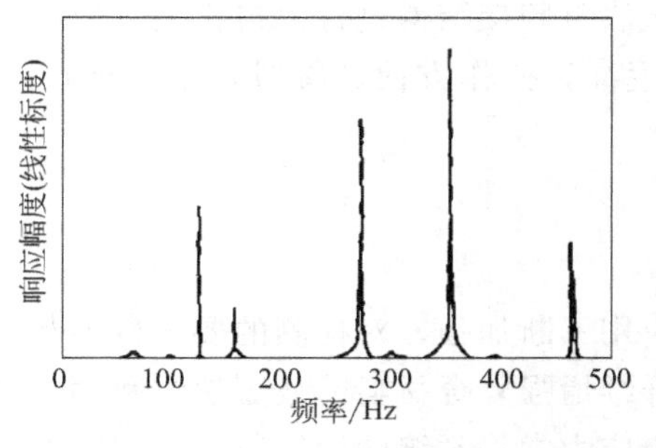

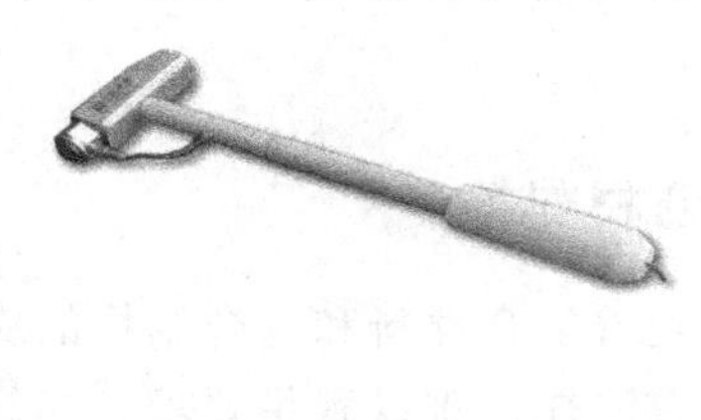

图 8-1 纤维增强塑料检测的响应幅度及检测仪器

产生热量。采用扫描红外照相机或其他方式检测周期应力形成的局部温升可以判断结构的质量。振动热图检测适用于热扩散率低的工件，以便有效地阻止损伤区的热量快速传导，很少用于热导率高的金属，如图 8-2 所示。

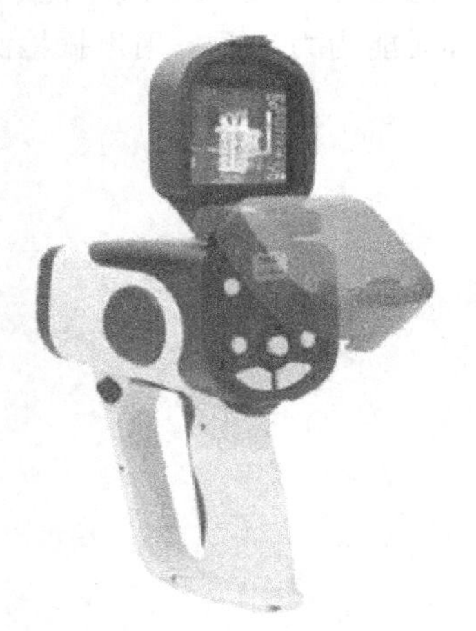

图 8-2 振动热图检测仪

（2）振幅测量法

使构件振动至谐振，构件内局部损伤使振动模态形式改变，通过观察、分析构件振动的时间平均全息图可发现构件缺陷。

特点：可实现快速检测；一次能检测的构件面积较大；须建立无振动的环境；设备的价格较高。

8.2.2.2 多点激振法

多点激振法是在每一被测点施加激励，并在同一点上测量输入的力或振动的响应。

特点：可用来测量胶接结构的脱粘、分层和叠层构件的气孔以及蜂窝结构中的“平面”状缺陷。

8.3 扫描声振检测技术

声谐振检测技术是复合材料构件常用的质量检测方法。声谐振技术实质上是声阻抗的一种特例。它们的共同点是：通过电声换能器激发被测件，并测试以被测件为负载的换能器的阻抗特性。声谐振检测通常可分为两种类型，以频率随时间变化的扫频连续波入射工件和以可调的单一频率的波入射工件。

扫描声振检测技术的基本原理是，检测换能器与被检工件耦合，并用比换能器自然频率低的扫频连续波激励。当此连续波通过被检工件的基频谐振或谐波振动，换能器所承受的载荷要比其他频率大得多，载荷的增加会引起激励交流电流的增加。利用这一现象即可测量谐振频率。

8.4 声振检测的应用

8.4.1 蜂窝结构检测

为适应航空兵部队新机检测工作的需要，根据蜂窝胶接结构件的材料特性，采用声谐振法是检测脱粘损伤有效的方法，利用声谐振法对胶接结构进行无损检测。用声谐振法对飞机蜂窝胶接结构的失效进行检测，其测量精度高，操作方便、省时，是一种行之有效的检测方法。

8.4.2 复合材料检测

近年来，随着复合材料和复合结构的应用不断加强，对检测的要求也不断提高，一些常规的无损检测方法往往难以满足要求，如纤维增强复合材料的疲劳裂纹和冲击损伤，就是不容易检测的缺陷。此外，复合材料中的残余应力常将裂缝的两侧压在一起，形成所谓的“无间隙裂缝”，这种裂缝不能承受除了压力载荷外的其他载荷，但是低幅度的超声检测技术也都无能为力，而采用声振检测方法检测上述缺陷时，却往往能取得比较满意的结果。

第9章 微波无损检测

9.1 微波概述

微波检测技术是以微波物理学、电子学、微波测量技术和计算机技术为基础的一门微波技术应用学科。

微波无损检测是以微波为信息载体，对各种适合其检测的材料和构件进行无损检测和材质评定。微波检测能对材料和构件的物理性能与工艺参数等非电量实施接触或非接触的快速测量。

微波（或称雷达波）是电磁辐射的一种形式，指频率为300MHz～300GHz的电磁波，是无线电波中一个有限频带的简称，即波长在1m（不含1m）到1mm之间的电磁波，是分米波、厘米波、毫米波的统称。微波频率比一般的无线电波频率高，通常也称为“超高频电磁波”。微波作为一种电磁波也具有波粒二象性。微波量子的能量为$1.99\times10^{-25}\sim1.99\times10^{-22}$ J。

虽然微波的物理性能早在麦克斯韦时代已被人们所得知，但直到20世纪40年代用于材料检测的微波发生器和接收器才真正出现。微波的最早的重要用途之一是雷达。微波在无损检测上的应用首先是部件的检测，诸如波导、衰减器、谐振腔、天线和天线罩（雷达天线罩）微波的电磁能与材料的相互作用，即是材料在构成电磁波的电场和磁场中的效应，即电场和磁场与材料的导电率、介电常数和磁导率等特性的相互作用。微波具有很像光一样的特性如直线传播，并能发生反射、折射、衍射或散射。由于微波波长比光波长$10^4\sim10^5$倍，微波能穿透到材料的内部，其穿透深度取决于材料的导电率、介电常数和磁导率，微波还能从任何界面反射且受构成材料的分子影响，例如，已经发现天线雷达罩测量厚度和气孔源恰巧是装在雷达罩内所发生的微波，不论是连续的或脉冲的入射波均可用于该项检测，而且既可用反射波也可用于穿透波。

微波比其他电磁波，如红外线、远红外线等波长更长，因此具有更好的穿透性。

由于微波能够贯穿介电材料，能够穿透声衰减很大的非金属材料，所以微波检测技术在大多数非金属和复合材料内部的缺陷检测及各种非电量测量等方面获得了广泛的应用。

9.2 微波检测技术的特点

9.2.1 微波检测的优点

微波无损检测与常规的无损检测如超声波检测和射线照相相比，微波检测有下列优点。

① 耦合天线的宽带频率响应。

② 可通过空气实现从天线到材料的有效耦合。

③ 不会因耦合剂对材料形成污染。

④ 微波容易通过空气传播，所以不会因这个第一个传播介质引起一系列反射的混淆。

⑤ 传播中的微波其幅度和相位的信息容易获得。

⑥ 在测量装置和被测材料之间不要求物理接触，可实现不接触材料表面而完成快速检测。

⑦ 不仅可以通过移动被测材料表面，而且可以通过用天线扫查表面完成对表面的带状扫查。

⑧ 完整的微波系统可以用固态器件组成，所以是小巧、坚固和可靠的。

⑨ 微波不仅能用来定位材料内的裂缝，而且能测定裂缝的尺寸。

9.2.2 微波检测的局限

微波在进入导电材料或金属的穿透深度的能力所限，处于金属外壳内的非金属材料不能通过壳体实施检测。低频微波的另一个局限是它对分辨局部缺陷的能力相对较低。如果所用的是实际尺寸的按收天线，缺陷的有效尺寸较之所用微波的波长足够小的话，就不能完整地分辨。现今使用的微波仪器有最短波长 1mm 数量级的，然而波长 0.1mm 微波源的发展很快，即使如此微波对等于或小于 0.1mm 较小缺陷的检测也是不适用的。

9.3 微波检测的基本原理

9.3.1 微波的传播

在自由空间微波作为电磁波，也是横波，即构成电磁波的振荡电场和磁场的方向都是与波的行进方向垂直的。电场和磁场的强度与传播方向如图 9-1 所示，当波的前进方向沿 x 轴方向时，在空间任一点的电场和磁场随时间变化的强度的矢量，会构成平面电磁波。磁场和电场的计算公式如式（9-1）和式（9-2）。

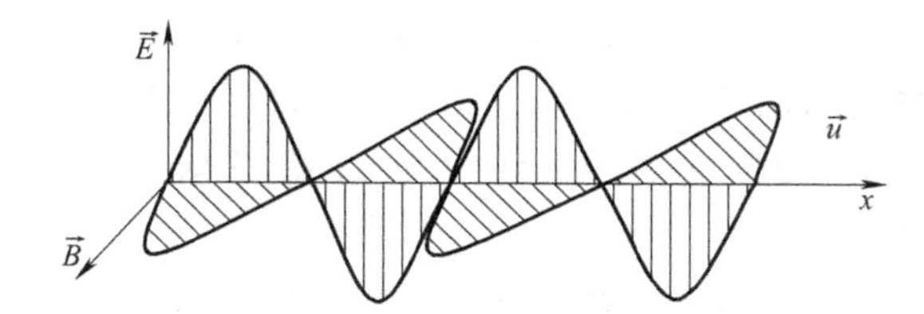

图 9-1 电场和磁场的强度与传播方向的关系

$$B=B_0\cos\omega\left(t-\frac{x}{u}\right)=B_0\cos(\omega t-kx) \tag{9-1}$$

$$E=E_0\cos\omega\left(t-\frac{x}{u}\right)=E_0\cos(\omega t-kx) \tag{9-2}$$

式中，变化前后的磁感应强度为 B_0 和 B；变化前后的磁场强度为 E_0 和 E；ω 为角速度；k 为常用；t 为时间；u 为电磁波的传播速度。

在电磁波传播过程中，电磁和磁场同相位。真空中电磁波的传播速度等于真空中的光速。

在微波检测中，均匀材料介质可以用磁导率、介电系数、导电率来表征。通常上述这些量本身均为频率 f 的函数。当电磁波入射到材料时，部分入射波经材料表面传送进材料内部，同时其中部分则是被表面反射。反射能量与折射能量输送进材料的和等于入射能量。如果将反射波的幅度和相位两者均从入射波中减去（矢量相减）就可以确定输入波。当反射波在幅度和相位上均与入射波进行比较时，即可得到有关材料表面阻抗的信息。

9.3.2 反射与折射

微波在不同介质间界面的反射、折射、电磁性质与可见光的性质基本相同，满足第 3 章的斯涅耳定律［式（3-3)］和折射定律［式（3-4)］。

9.4 微波的检测方法

9.4.1 穿透法

穿透法是将发射和接收天线分别放在试件的两边，从接收喇叭探头取得的微波信号可以直接和微波源的微波信号比较幅值和相位，用于检测材料厚度、密度和固化程度。分为三种发射方式：固定频率连续波、可变频率连续波、脉冲调制波。设备组成如图 9-2 所示，实物如图 9-3 所示。

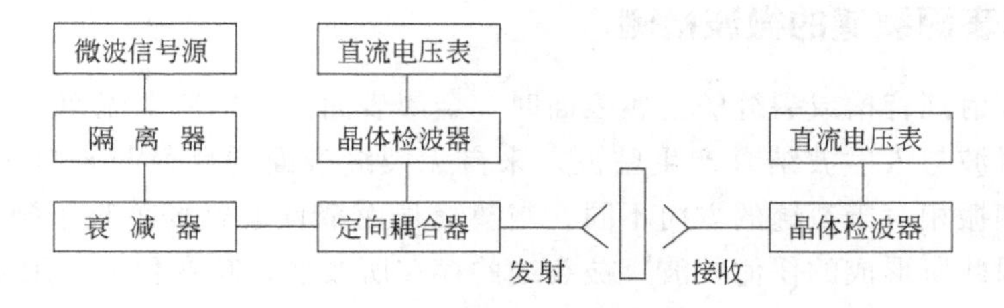

图 9-2 穿透法的微波检测装置的构成

图 9-3 微波检测的实物图

9.4.2 反射法

材料内部或背面反射的微波随材料内部或表面状态的变化而变化。发射微波法分为连续波反射法、脉冲反射法、调频波反射法，设备组成如图 9-4 所示。

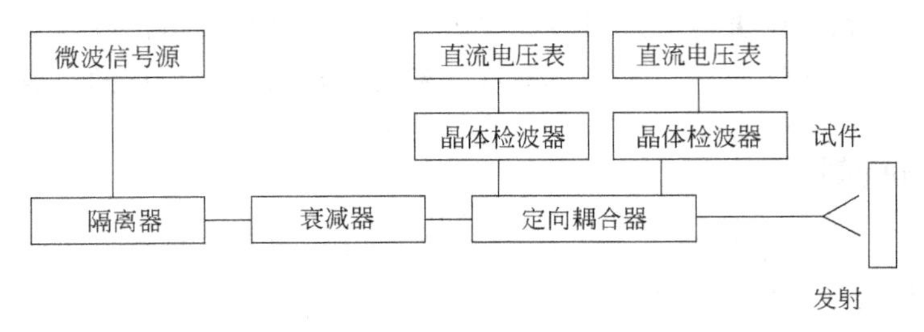

图 9-4　反射法的微波检测装置的构成

9.4.3 散射法

散射法是通过测试回波强度变化来确定散射特性。检测时微波经过有缺陷的部位时被散射，因而使被接收到的微波信号比无缺陷部位要小，根据这些特性来判断工件内部是否存在缺陷。

9.5 微波检测技术的应用

9.5.1 金属表面裂缝的微波检测

当电磁波入射到有槽或裂缝的金属表面时，金属表面由于感应电流而反射信号。在适合的条件下，反射波与入射波结合产生驻波。来自无裂缝表面的反射与来自带裂缝表面的反射，入射波的偏振相对于裂缝的方向不同。当裂缝长而窄且电磁场垂直于裂缝的长度方向，反射波（而且因此所形成的任何驻波）被裂缝的存在所改变，其变化量能用来确定裂缝的尺寸和深度。

在带 20.3 mm 长和 0.76 mm 深凹槽试样旋转的同时，通过频率扫频找出适宜的工作频率。正确的数据用直流零电平和槽旋转的信号响应（用以建立参照电平）指示。然后，将微波电路调谐到这一频率，即 15.965GHz。

9.5.2 金属应力微波腐蚀检测

诸如铝、镁、钛等金属材料，它们在产生腐蚀的环境中受应力作用下易遭受应力腐蚀开裂或疲劳。裂缝和疲劳可能在应力值远小于被腐蚀材料的屈服点时出现，在被已腐蚀材料制成的结构中，早期疲劳可能出现在小于额定负荷时，因此为了结构的可靠，对可能由被腐蚀材料构成的结构或构成后材料可能被腐蚀的结构，必须有一种检测材料是否有腐蚀倾向的区域和已腐蚀区域的方法。

已经有几种解释应力腐蚀开裂和疲劳的机理提出。在这些机理中，提出了一种检测上述材料已腐蚀的或有腐蚀趋向的区域的理论，均认为腐蚀与随之而来的裂缝均开始于晶格不完整，被认为不完整的位错、空隙和夹杂可以被一种无损的方法检出，就可以用来评定材料和结构对应力腐蚀的敏感性。

电阻率和位错之间的关系很多作者已有论述，还发现夹杂的聚集提高了材料的电阻率，这就进一步提醒我们，注意空隙造成的位错与夹杂之间表面电阻率的差别。表面电阻率可以用高频电磁波测量，因为它们的穿透深度仅只0.1～10μm，或很少进入表面。而且还因为从表面反射的波，由于包括材料电阻在内的表面阻抗的作用，与入射波之间有相位变化。如果采用的频率在微波频段或在其下，金属表面上像漆或氧化层那样任何表面保护层将允许电磁波中大多数能量穿过它们而从导体表面反射。然而，频率越高由夹杂引起的表面阻抗变化量将会越大，因而，虽然从微波一直到紫外线的频率均可以采用。为了减小来自表面涂层的干扰，同时考虑相对的高灵敏度两者折中，发现在1～100GHz的微波段更适宜。

通过反射波与入射波比较的方法测量微波表面阻抗，理应得出夹杂密度的测量。测量金属表面阻抗的仪器，就可以用于材料内腐蚀趋向区域测定。包括铝合金在内的很多金属与合金电阻率的测量实践，同样说明了电阻率与位错密度的依赖关系，还有位错电阻率的差别与已测得的空隙和夹杂有关。夹杂密度已可用电子显微镜测定，实验说明位错电阻率在试验值和理论值之间符合良好。

一些研究工作者已经测量了诸如表面阻抗、集肤深度和导电率等表面性质。上述很多研究已用金属电性能的测定来测量它们的密度。

非铁磁材料的表面调制可以用磁吸收技术。对磁吸收，磁电动势通过低频、多圈线圈的方法加于材料表面。从磁吸收线圈内材料表面的微波信号看，其幅度已被两倍于基频频率的调制频率调制。通过应用检测反射的微波信号（磁吸收信号）的变化，获得Lissajous图形就能用以确定材料的表面阻抗。变化将指示应力腐蚀趋势或者是已腐蚀或已疲劳的区域。

9.5.3 其他领域的应用

微波检测作为常规无损检测方法的补充，它适用如下。

① 检测增强塑料、陶瓷、树脂、玻璃、橡胶、木材以及各种复合材料；

② 检测各种胶接结构和蜂窝结构件中的分层、脱粘、金属加工工件表面粗糙度、裂纹等；

③ 火箭用烧蚀喷管质量检测；

④ 玻璃纤维增强塑料与橡胶包覆层之间的缺陷检测；

⑤ 雷达天线罩、火箭发动机壳体等工件的内在质量检测。

第10章 声发射检测

10.1 声发射现象的物理基础

10.1.1 声发射现象

声发射是一种常见的物理现象，如弯曲树枝会发出声音，树枝折断时，声音就更大。一般金属产生塑性滑移变形时，发出的声音很弱，我们听不到。但锡片在弯曲时可听到噼啪声，这是锡片受力产生孪生变形发出的声音，称为“锡鸣”。此外，电、磁和热也能使物体发声。如变压器通电试验时发出嗡嗡声。金属从高温冷却时也会发声。这种材料受外力或内力作用产生变形或断裂，或者构件在受力状态下以弹性波形式释放应变能的现象，称为声发射（Acoustic Emission）。由于不少金属材料的塑性变形和断裂的声发射信号很微弱，人耳不能直接听见，故需要借助灵敏的电子仪器才能检测出来。用仪器检测、分析声发射信号和利用声发射信号推断声发射源的技术称为声发射技术。声发射技术最早应用在地震探测方面。

20 世纪 50 年代初，德国凯赛尔所做的研究工作证实，在金属材料的变形过程中观察到声发射现象，并提出了著名的声发射不可逆效应。

20 世纪 60 年代，声发射作为无损检测技术，在美国原子能、宇航技术中兴起，在焊接延迟裂纹监视、压力容器与固体发动机壳体等检测方面出现了应用实例。

20 世纪 70 年代，在日、欧、中国等相继得到发展。检测设备的开发、基础研究、检测经验均有限，故其进展缓慢，仅获得有限的成功。

20 世纪 80 年代，其研究与应用从实验室研究扩展到结构评价、工业过程监视等各领域，首先在金属与玻璃钢压力容器、储罐、管道等结构件中，进入工业应用和标准化阶段，成为一种新兴动态无损检测方法

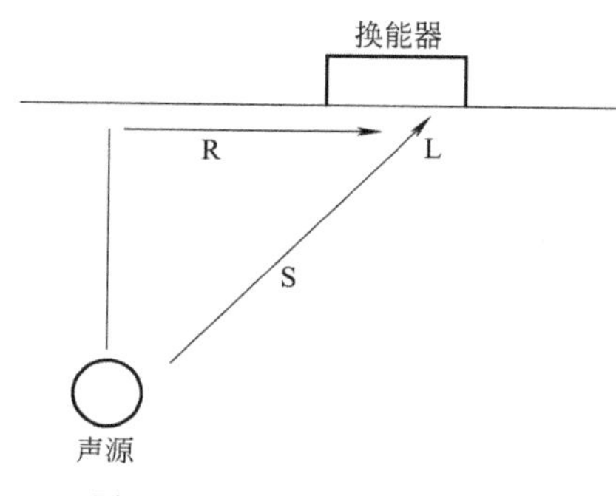

图 10-1　声发射技术的示意图

10.1.2 声发射检测原理

材料或结构受外力或内力作用产生变形或断裂，以弹性波形式释放出应变能的现象称为声发射。

利用仪器检测、分析声发射信号并利用声发射信息推断声发射源的技术称为声发射技术，见图 10-1。

10.2 声发射检测的特点

10.2.1 缺点

① 检测动态缺陷，如缺陷扩展，而不是检测静态缺陷；

② 缺陷的信息直接来自缺陷本身，而不是靠外部输入扫查缺陷。

10.2.2 优势

① 可提供活性缺陷随载荷、时间、温度等外变量而变化的实时或连续信息，因而适用于工业过程在线监控及早期或临近破坏预报；

② 由于对被检件的接近要求不高，因而适于其他方法难于或不能接近环境下的检测，如高低温、核辐射、易燃、易爆及有毒等环境；

③ 对于在用设备的定期检验，声发射检验方法可以缩短检验的停产时间或者不需要停产；

④ 对于设备的加载试验，声发射检验方法可以预防由未知不连续缺陷引起系统的灾难性失效和限定系统的最高工作载荷；

⑤ 由于对构件的几何形状不敏感，适于检测其他方法受到限制的形状复杂的构件。

10.3 声发射的来源与产生

10.3.1 工程材料的声发射源

工程材料中有许多因素都能成为声发射源。金属材料在外载荷下产生晶格的滑移变形和孪生变形等塑性变形时会发生声发射。材料中裂纹的形成和扩展过程、不同相界面间发生断裂以及复合材料的内部缺陷的形成也都能成为声发射源。此外金属的相变和磁畴运动过程都是声发射源。

10.3.2 声发射信号的特征参数

声发射信号的波形，经过包络检波后，波形超过预置的阈值电压形成一个矩形脉冲。如果一个突发型信号形成一个矩形脉冲叫作一个声发射事件，这些事件脉冲数就是事件计数。单位时间的事件计数称为事件计数率，其计数的累积则称为事件总数，如图 10-2 所示。

对声发射信号的振铃波形，设置某一阈值电压，振铃波形超过这个阈值电压的部分形成矩形窄脉冲，计算这些振铃脉冲数就是振铃计数。这是对振幅加权的一种计数方法，如果改变阈值电压，则振铃计数也发生变化。单位时间的振铃计数率称为声发射率，累加起来称为振铃总数。取一个事件的振铃计数称为事件振铃计数或振铃/事件，见图 10-3。

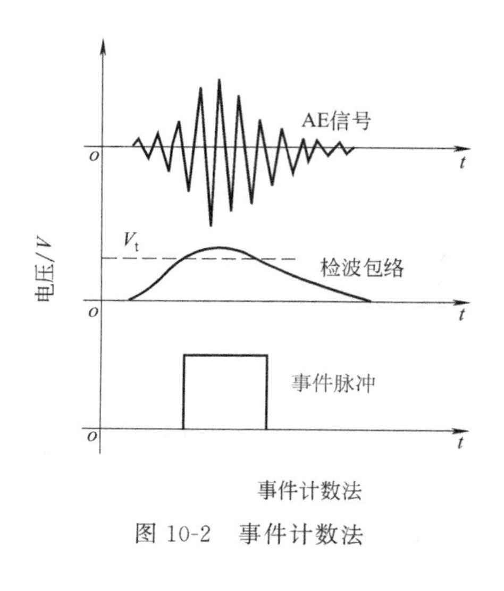

图 10-2　事件计数法

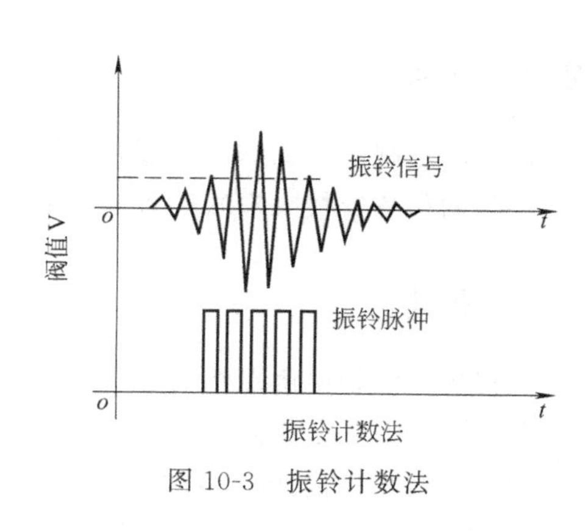

图 10-3　振铃计数法

10.4　声发射检测的应用

10.4.1　声发射在材料研究中的应用

10.4.1.1　塑性变形的声发射

这种不均匀变形包括微观的不均匀变形和宏观的不均匀变形，其主要来源有三方面。

① 金属屈服时的变形。

② 晶粒的不均匀变形。

③ 有些合金施加的应力超过屈服极限进入加工硬化阶段，出现动态应变时效现象，使应力—应变曲线呈锯齿状。

10.4.1.2　评价表面渗层的脆性

为了提高某些钢结构件的耐磨性和疲劳强度，表面化学热处理是一种有效的方法，如渗碳、渗氮、渗硼和碳氮共渗等。钢零件表面经处理后硬度很高，但往往导致表层脆化，在使用过程中剥落。因此，要求用有效的方法评价化学热处理渗层的质量。传统的维氏硬度压痕试验，随着离子氮化代替气体氮化等新工艺方法的出现，不易区分渗层质量的优劣。近年来声发射与力学性能试验相结合的方法收到了比较好的效果。

10.4.1.3　断裂韧性的声发射分析

在构件设计中为了防止偶然断裂事故的发生，引入了应力强度因子 K 和断裂韧性 K_{IC} 的概念。在断裂韧性测试中，最核心的问题是确定裂纹扩展的临界载荷，即开裂点。

声发射在断裂韧性试验中最早的应用是探测裂纹失稳扩展产生的爆音。近年来，对于平面应变断裂韧性 K_{IC} 的测定已经制订了标准试验方法。曾经对多根试样在出现明显的突发声发射后停载解剖检查，证明试样中裂纹确有新的扩展，因此，把出现突发声发射的载荷定为开裂点。用声发射确定的开裂点是裂纹稳定扩展的起始点，而标准试验方法是将原有裂纹扩展 2%的载荷定为裂纹失稳的临界点。

10.4.1.4 检测疲劳裂纹扩展

疲劳裂纹是构件最常见的破坏形式。用声发射监视疲劳断裂过程可以早期发现疲劳裂纹，与断裂力学计算相结合，可以预测构件的寿命。用声发射检测疲劳裂纹有两种方法：连续监视法和间歇监视法。

10.4.2 声发射在焊接中的应用

声发射在焊接中的应用主要包括两个方面：一是焊接过程中对焊缝质量进行实时监控，以及焊后进行无损检测。二是进行压力容器的在役检测。

其他方面的主要应用还有：出厂水压试验时的声发射监测，容器定期检修时水压试验声发射监测，运行中压力容器的声发射监测，容器爆破试验时的声发射监测。

第11章 红外检测技术

11.1 概述

11.1.1 红外检测技术的发展

1800 年英国物理学家 F. W. 赫胥尔发现从紫外区到红外区的温度呈阶梯型递增，最高温度不在有色光区，而是在可见红光外的不可见区，温度比紫外区高 5℃。1840 年赫胥尔等根据物体不同温度的分布，制定了温度谱图。红外成为应用技术始于军事领域，在第二次世界大战中军用红外仪的发明促进了红外技术的应用。从 20 世纪 50 年代开始，红外制导、红外前视、红外侦察得到了迅猛发展。20 世纪 60 年代红外成像技术开始被应用于工业领域。红外热成像无损检测技术是新发展起来的材料缺陷和应力检查的方法，受到广泛的关注。对于任何物体，不论其温度高低都会发射或吸收热辐射，其大小除与物体材料种类、形貌特征、化学与物理学结构（如表面氧化度、粗糙度等）特征有关外，还与波长、温度有关。红外照相机就是利用物体的这种辐射性能来测量物体表面温度场的。它能直接观察到人眼在可见光范围内无法观察到的物体外形轮廓或表面热分布，并能在显示屏上以灰度差或伪彩色的形式反映物体各点的温度及温度差，从而把人们的视觉范围从可见光扩展到红外波段。图 11-1 为电磁波谱示意图。

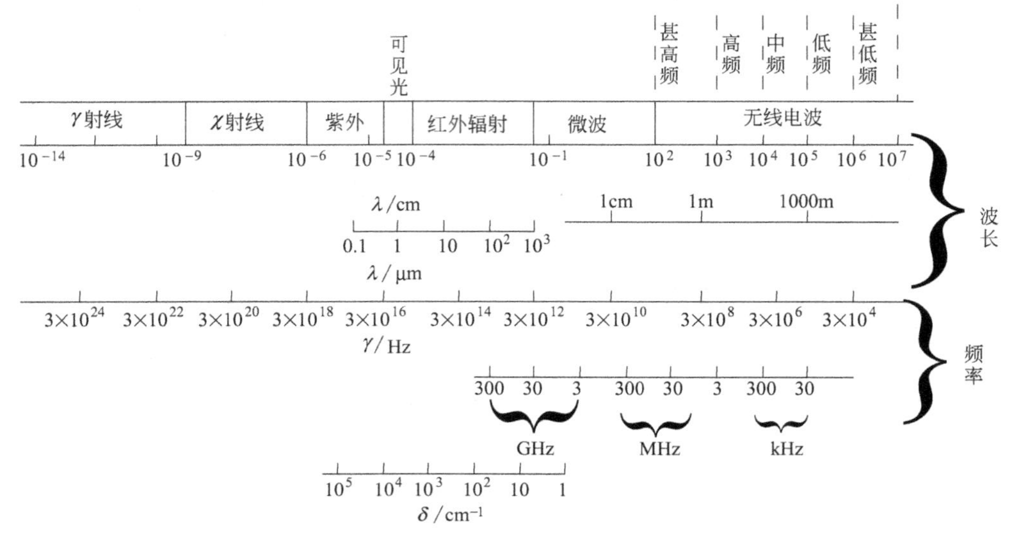

图 11-1 电磁波谱示意图

11.1.2 红外测温的特点

红外测温具有以下特点：测量仪器不会破坏被测介质的温度场；测温滞后小；适于测量动态过程；测温范围宽；响应速度快；灵敏度高等特点。与接触式测温法相比，红外测温的特点和测温要求都有很大的区别，如表11-1所示。

表11-1 红外测温与接触式测温的区别

项目	红外测温(非接触式测温)	接触式测温
特点	① 对被测物体的温度场无影响； ② 检测的是被测物体表面温度； ③ 可测运动物体和瞬态温度，反应速度快； ④ 测温范围宽，测量精度高，分辨率0.01℃或更高； ⑤ 可同时对点、线、面测量； ⑥ 要求精度高时，测温要求严格	① 对被测物体的温度场有影响； ② 不适合测运动物体温度和瞬态温度； ③ 测温范围窄； ④ 不便于同时测量多个目标； ⑤ 要求精度高时，测温要求简单
要求	① 须知被测物的发射率； ② 被测物的辐射能充分抵达红外探测器	① 测温设备与被测物间需要良好接触； ② 被测物的温度不能有显著变化

11.2 红外基本概念和基础知识

11.2.1 热辐射和红外辐射

(1) 红外线

红外线是光谱中红光光谱之外具有强烈辐射效应的电磁波，其波长范围为：0.76～1000μm。红外线按波长的大小分为：近红外区0.76～3μm；中红外区3～40μm；远红外区40～100μm。

(2) 热辐射

任何物体在绝对温度零度以上都能以电磁波的形式向周围辐射能量。物体放出辐射能的多少与它的温度有一定的关系。这种辐射能无须任何媒介物即可在空间传播。热辐射发出的电磁波包括各种波长，其中波长为0.4～40μm的可见光波和红外线的热辐射能够被物体所吸收。采用适当的接收探测器（测温元器件）便可收集被测对象发出的热辐射能，并将其转换为便于测量和显示的电信号，就可以实现非接触测温。热辐射的强度与光谱成分取决于物体的温度。物体的温度不同，辐射的波长组成成分不同，辐射的能量也不同。红外辐射是热辐射的主要组成成分。

(3) 红外辐射

红外辐射是一种热辐射，因其处于可见光区的红光波段之外而得名。当物体温度：$t=300℃$时，热辐射中最强的波长为5μm，即红外辐射；当$t=500℃$时会出现红色的辉光；$t=800℃$时辐射有足够的可见光呈炽热状态，但其极大部分辐射仍为红外辐射；$t=1000℃$时，热辐射中最强的波为红外辐射波；$t=3000℃$时，接近于白炽灯泡灯丝的温度，辐射才能保证足够的可见光。

11.2.2 温度、温度测量与温标

(1) 温度

温度是物体分子运动平均动能大小的标志。温度是科研和工业生产中的重要工艺参数，

是表征材料状态以及设备运行状态是否正常的一个重要指标是表示物体冷热程度的物理量。

(2) 温度测量

温度测量的基本原理——互为热平衡的物体具有相同的温度。温度测量只能借助于某种物质的温度或者物理性能随温度按照一定规律变化的物理性质来测量。到目前为止，只能找到基本符合要求的物质及相应的物理性质。例如：液体、气体的体积或者压力；热电偶的热电势；金属的电阻、物体的热辐射等。

(3) 温标

① 热力学温度　1968年国际实用温标［IPTS-68（1975）］规定以热力学温度作为基本温度。符号：T，单位：开尔文，K（Kelvin）。

② 摄氏温度　符号：t，单位：摄氏度,℃。$t=T-273.15$。摄氏温度的起点是273.15K（$t=0$ ℃）；热力学温度起点：0K（$T=0$）。一般，0 ℃以上用摄氏温度；0 ℃以下或理论研究中，多采用热力学温度。

③ 华氏温度　以其发明者 Gabriel D. Fahrenheir（1681—1736）命名，单位是℉，其冰点是32℉，沸点为212℉。

三种温标之间的关系为：

T℉$=1.8t$℃$+32$（t 为摄氏温度数，T 为华氏温度数）。

11.2.3 红外相关术语

(1) 吸收、反射和透射

当红外辐射能投射到被测物体表面时，其总的辐射能将有一部分被反射，另有一部分被吸收，其余部分则透过物体（图 11-2）。吸收、反射和透射辐射能之间满足以下关系

$$Q_o=Q_\rho+Q_\alpha+Q_\tau \tag{11-1}$$

或

$$\frac{Q_\rho}{Q_o}+\frac{Q_\alpha}{Q_o}+\frac{Q_\tau}{Q_o}=1 \tag{11-2}$$

式中：Q_o 为总的辐射能；Q_a、Q_τ 分别为反射能、吸收能和透射能；Q_ρ/Q_o 为反射率，用 ρ 表示；Q_a/Q_o 为吸收率，用 α 表示；Q_τ/Q_o 为透过率，用 τ 表示。

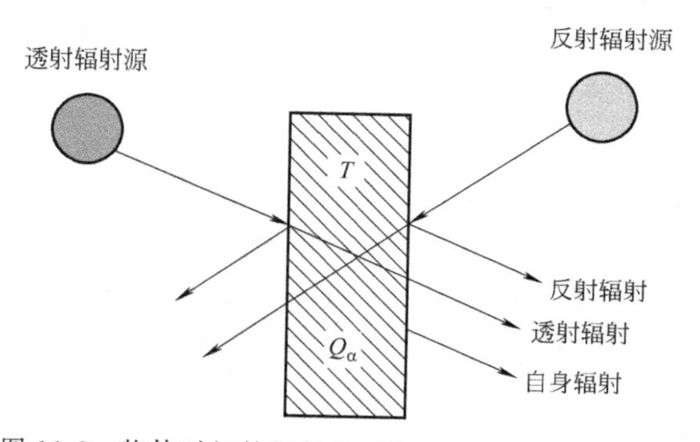

图 11-2　物体对红外辐射的反射、吸收和透射示意图

(2) 辐射能量 Q_e

光源辐射出来的光的能量（可见于不可见光）。单位：焦耳。

(3) 辐射通量 ϕ_e

单位时间内通过某一面积的辐射能量称为通过该面积的辐射通量。单位：W（1W=1/J/s）。$\phi_e \frac{dQ_e}{dt}$，即辐射能量随时间的变化率。

(4) 辐射强度

辐射强度是单位时间内从单位面积上所发出的包含在单位主体角内的辐射能。单位：W/（m^2·Sr）。

(5) 黑体、白体、透明体和灰体

根据 ρ、α、τ 各值的相对变化，而有黑体、灰体、白体和透明体等概念。在任何温度下，对于各种波长的电磁波的吸收系数恒等于1的一类物体，被称为黑体。严格地说，黑体是指辐射特性不随温度和波长而改变，并与入射辐射的波长、偏振方向、传播方向无关的物体。在同样的温度、同样的表面下，黑体的辐射功率最大。

当 $\rho=1$，而 $\alpha=\tau=0$ 时，说明入射到物体上的辐射能全部被反射，若反射是有规律的，则称此物体为“镜体”；若反射没有规律，则称此物体为“绝对白体”。

当 $\tau=1$ 时，说明入射到物体表面上的辐射能全部被透射出去，具有这种性质的物体被称为“绝对透明体”。

所谓灰体，是指其辐射特性不随波长的变化而变化（但与温度有关）的一类物体。

在自然界中，绝对黑体、灰体、绝对白体或绝对透明体都是不存在的，它们都是为研究问题的方便而提出的理想物体概念。

(6) 辐出度 M 与光谱辐出度 M_λ

又称辐射出射度，它表示从物体单位表面积、在单位时间内，对所有波长的辐射能。单位为瓦特/米^2，符号：W/m^2。

从物体单位表面积、在单位时间内、波长在 $\lambda \sim \lambda + d\lambda$ 波长范围内的辐射能，称为单色辐出度或光谱辐出度 M_λ，单位为瓦特/米^3，符号：W/m^3。

(7) 发射率、光谱发射率（或称辐射系数）与定向发射率

相同温度及条件下实际物体与黑体的辐出度之比，称为该物体的发射率，也称为黑度，用符号 ε 表示，即

$$\varepsilon = M/M_b \tag{11-3}$$

实际物体的光谱辐出度 M_λ 与同温度下黑体的光谱辐出度 $M_{b\lambda}$ 之比称为该物体的光谱发射率（或光谱黑度），用符号 ε_λ。表示，即

$$\varepsilon_\lambda = M_\lambda/M_{b\lambda} \tag{11-4}$$

实际物体在 θ 方向上的定向辐出度 M_Q 与同温度下黑体在该方向上的定向辐出度 M_{bQ} 之比，称为该物体在该方向上的定向发射率，用符号 ε_Q 表示。即

$$\varepsilon_Q = M_Q/M_{bQ} \tag{11-5}$$

(8) 选择性辐射体

指发射率随波长而变的辐射体，一般物体均为选择性辐射体。

(9) 辐射源

分点源与面源。

点源：尺寸小的辐射源（相对于到探测器的距离而言），距离大于光源最大尺寸10倍时称点源，当观察系统采用光学系统时，探测器表面成像小于探测器，即不能充满光学系统视

场的源称点源。

面源：尺寸大的辐射源，探测器表面成像充满光学系统视场的称面源。

11.2.4 红外辐射基本定律

红外辐射定律描述了物体的红外辐射能与其热力学温度（T）、红外线波长（λ）、物体表面发射率（ε）或吸收率（α）等参量之间的关系是红外无损检测的理论基础。

（1）基尔霍夫定律

1859 年基尔霍夫（Kirchhoff）根据热平衡原理导出了关于热转换的著名的基尔霍夫定律。这个定律指出：在热平衡条件下，所有物体在给定温度下，对某一波长来说，物体的发射本领和吸收本领的比值与物体自身的性质无关，它对于一切物体都是恒量。即使辐出度 $M(\lambda,T)$ 和吸收比 $\alpha(\lambda,T)$ 两者随物体不同且都改变很大，但 $M(\lambda,T)/\alpha(\lambda,T)$ 对所有物体来说，都是波长和温度的普适函数，即

$$\frac{\mathrm{MY\lambda/TY}}{\mathrm{\alpha Y\lambda/TY}}=\mathrm{fY\lambda/TY} \tag{11-6}$$

各种物体对外来辐射的吸收，以及它本身向外的辐射都不相同。今定义吸收比为被物体吸收的辐射通量与入射的辐射通量之比，它是物体温度及波长等因素的函数。$\alpha(\lambda, T)=1$ 的物体定义为绝对黑体。换言之，绝对黑体是能够在任何温度下，全部吸收任何波长的入射辐射的物体。在自然界中，理想的黑体是没有的，吸收比总是小于 1。

（2）普朗克定律

19 世纪末期，经典物理学遇到了原则性困难，为了克服此困难，普朗克（Planck）根据他自己提出的微观粒子能量不连续的假说，导出了描述黑体辐射光谱分布的普朗克公式，即黑体的光谱辐出度为

$$M_{b\lambda}=\frac{c_1}{\lambda^5}\frac{1}{\mathrm{e}^{c_2/\lambda T}-1} \tag{11-7}$$

普朗克公式代表了黑体辐射的普遍规律，其他一些黑体辐射定律可由它导出。例如，将普朗克公式从零到无穷大的波长范围进行积分，就得到斯忒藩-玻耳兹曼定律；而对普朗克公式进行微分，求出极大值，就可获得维恩位移定律。

（3）维恩位移定律

普朗克公式表明，当提高黑体温度时，辐射谱峰值向短波方向移动。维恩（Wien）位移定律则以简单形式给出这种变化的定量关系。

对于一定的温度，绝对黑体的光谱辐射度有一极大值，相应于这个极大值的波长用 λ_m 表示。黑体温度 T 与 λ_m 之间有下列关系式，如式（11-8）所示。

$$\lambda_m T=b \tag{11-8}$$

这就是维恩位移定律。

（4）斯忒藩-玻耳兹曼定律

1879 年斯忒藩（Stefan）通过实验得出：黑体辐射的总能量与波长无关，仅与绝对温度的四次方成正比。1884 年玻耳兹曼（Boltzmann）把热力学和麦克斯韦电磁理论综合起来，从理论上证明了斯忒藩的结论是正确的，从而建立了斯忒藩-玻耳兹曼定律。

$$Mb=\sigma T^4 \tag{11-9}$$

式（11-9）称为斯忒藩-玻耳兹曼定律，式中，常数 $\sigma=(5.67051\pm0.00019)\times18-$

$8W \cdot m^{-2} \cdot K^{-4}$，称为斯忒藩-玻耳兹曼常数。该定律表明：黑体的全辐射的辐出度与其温度的四次方成正比。

11.2.5 红外辐射的传输与衰减

红外辐射是一种电磁波，可以在空间和一些介质中传播，实验研究表明，当红外辐射在大气中传输时，它的能量由于大气的吸收而衰减。大气对红外辐射的吸收和衰减是有选择性的，即对某个波长的红外辐射几乎全部吸收；相反，对另外一个波长的红外辐射又几乎一点也不吸收。通过对标准大气中红外辐射的研究发现，能够顺利透过大气的红外辐射波主要有三个波段：1～2.5 μm、3～5μm 和 8～14 μm，一般将这三个波长范围称为大气窗口。但是即使波长在这三个范围的红外辐射波，在大气中传输时也会有一定程度的衰减，衰减的程度与大气中的微尘、水分等有密切关系。

11.2.6 红外成像技术

红外成像技术可分为主动式红外成像技术和被动式红外成像技术。

(1) 被动式红外成像技术

利用物体自身发射的红外辐射波摄取物体的像，称为红外热成像技术。显示热像的仪器称为红外热像仪。红外热像系统的探测目标是物体自身发射的热辐射波，其工作系统示意图如图 11-3 所示。

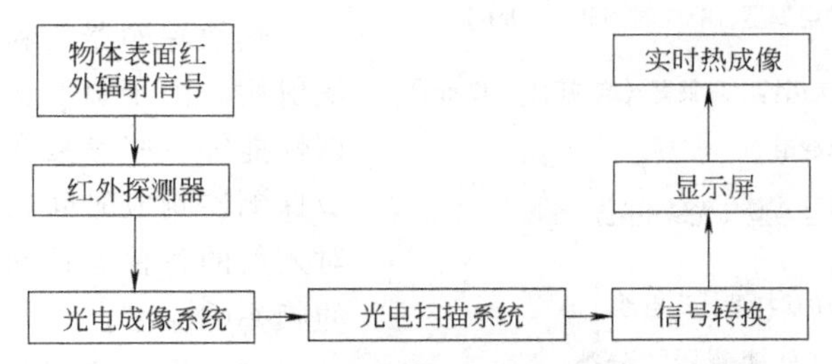

图 11-3 被动视红外热成像技术结构示意图

(2) 主动式红外成像技术

在红外检测时对被测物体通过加热注入热量，使被测物体失去热平衡，在它的内部温度尚不均匀，具有导热的过程中即进行红外检测，摄取物体的热像。加热方式有稳态和非稳态两种。根据检测形式可分为单面法（或后向散射式）和双面法（或透射式），如图 11-4 所示为物体受红外辐射后其内部缺陷类型对表面温度影响的示意图。

11.2.7 红外探测器

红外探测器是红外测温敏感器件，是把入射的红外辐射能转换成其他形式能量的转换器。一般分为热敏型和光电型两大类。具体分类见图 11-5。

按工作原理可以分为红外探测器、微波红外探测器、被动式红外/微波红外探测器、玻璃破碎红外探测器、振动红外探测器、超声波红外探测器、激光红外探测器、磁控开关红外探测器、开关红外探测器、视频运动检测报警器、声音探测器等许多种类。

若按照探测范围的不同又可分为点控红外探测器、线控红外探测器、面控红外探测器和

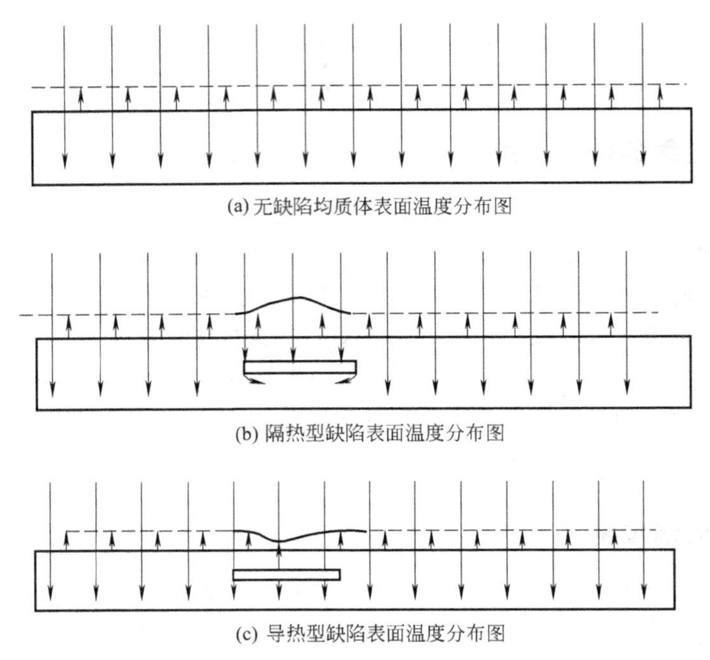

(a) 无缺陷均质体表面温度分布图

(b) 隔热型缺陷表面温度分布图

(c) 导热型缺陷表面温度分布图

图 11-4　物体缺陷类型对表面温度分布的影响

空间红外探测器。

（1）热敏探测器

热敏探测器是利用某些物体接受红外辐射后，由于温度变化而引起这些材料物理性能等一些参数变化而制成的器件。热敏探测器响应时间较长（在毫秒级以上），对入射的各种波长的辐射线基本上有相同的频率响应率。

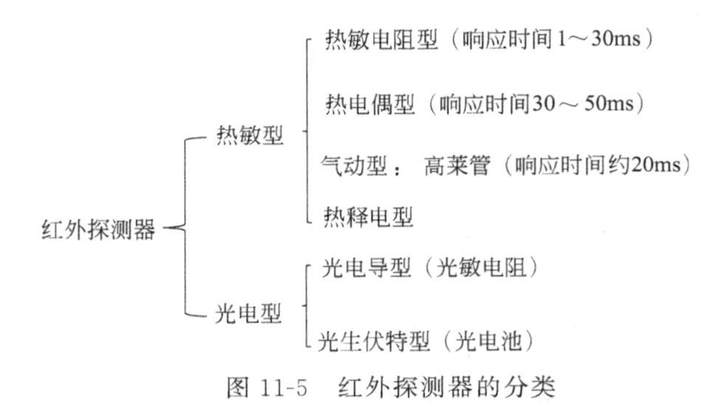

图 11-5　红外探测器的分类

（2）光电探测器

光电探测器是利用某些物体中的电子吸收红外辐射而改变其运动状态这一原理工作的。它响应时间比热敏探测器短，一般为微秒级，最短可达纳秒。常用的光电探测器有光电导型和光生伏特型。

① 光电导型（光敏电阻）　当红外辐射照到半导体光敏电阻上时，其内部电子接受了能量，处于激发状态，形成了自由电子及空穴载流子，使半导体材料的电导率明显增大，这种现象称为光电导效应。光电导探测器是利用光电导效应工作的一种红外探测器。光电导探测器是一种选择性探测器。

② 光生伏特型（光电池）　如果以红外或其他辐射照射某些半导体的 PN 结，则在 PN 结两边的 P 区和 N 区之间会产生一定的电压，该现象称为光生伏特效应，简称光伏效应，其实际是把光能变换成电能的效应。根据光伏效应制成的红外探测器，叫光伏型探测器。光伏型探测器也是有选择性探测器，并具有确定的波长，具有一定的时间常数，但在探测率相同的情况下，光伏型探测器的时间常数可远小于光电导型探测器。

（3）红外探测器的特性参数

不同的红外探测器不但工作原理不同，而且其探测的波长范围、灵敏度和其他主要性能都不同。下面的几个参数常用来衡量各种红外探测器的主要性能。

① 电压响应率 表示红外探测器把红外辐射转换成电信号的能力，等于输出信号电压与输入红外辐射能之比，用R表示，单位为伏每瓦，V/W，即：

$$R=\frac{V_s}{HA_d}=\frac{V_s}{P} \tag{11-10}$$

式中，V_s为信号电压基波的均方根值，单位为V；H为辐照度，单位为W/cm^2；A_d为探测器光敏面面积，单位为cm^2；P为功率，单位为W。

② 光谱响应 通常将红外探测器对不同波长的响应曲线称为光谱响应曲线。如果红外探测器对不同波长的红外辐射响应率不相等，则称为选择性探测器。选择性探测器的光谱响应曲线有一个峰值响应率（R_m），它对应的波长称为峰值响应波长（λ_m），当光谱响应曲线下降到峰值响应率的一半时，所对应的波长，称为截止波长（λ_c）。

③ 等效噪声功率 当红外辐射入射到红外探测器上时，它将输出一个信号电压，这个信号电压随着入射的红外辐射变化而变化。此外，红外探测器除了输出信号电压外，还同时输出一个与目标红外辐射无关的干扰信号，这种干扰信号电压的均方根值，称为噪声电压。噪声电压是确定某一探测器最小可探测信号的决定因素。表示这个特性的参数称为等效噪声功率，用符号NEP表示，其定义为：产生与探测器噪声输出大小相等的信号所需要的入射红外辐射能量密度，可用下式计算

$$NEP=\frac{\omega \mathrm{A}}{U_s/U_N} \tag{11-11}$$

式中，ω为红外辐射能量密度；A为红外探测器的有效面积；U_s为红外探测器的输出信号电压；U_N为红外探测器的噪声电压。

④ 探测率

探测率等于等效噪声功率的倒数，是表示红外探测器灵敏度大小的又一个参数，即

$$D=\frac{1}{NEP}\propto(A,\Delta f) \tag{11-12}$$

由式（11-12）可知，探测率越大，其灵敏度就越高。探测率与红外探测器的有效面积（A）和频带宽（Δf）的平方根成反比。

通常采用归一化探测率，以消除面积和带宽的影响，该参数用符号D^*表示，即

$$D^*=D\sqrt{A\Delta f} \tag{11-13}$$

⑤ 时间常数 时间常数是表示红外探测器对红外辐射的响应速度的一个参数，其定义为当红外探测器加有一理想的矩形脉冲辐射信号时，它输出的信号幅值由零上升至63%所需要的时间，单位是ms或μs。

红外探测器的时间常数越小，说明它对红外辐射的响应速度越快。

（4）探测器的噪声源

红外探测器的噪声源有以下四个方面：①探测器本身；②放大器及其他电子线路；③周围环境热辐射涨落；④被探测信号本身涨落。

11.3 红外检测仪器

红外检测仪器是进行红外无损检测的主体设备，根据其工作原理和结构的不同，一般将

红外检测仪分为红外点温仪、红外热像仪和红外热电视等几大类。其中红外点温仪在某一时刻，只能测取物体表面上某一点（实际是某一区域）的辐射温度（平均温度），而红外热像仪和红外热电视能测取物体表面一定区域内的温度场。

下面对这三种仪器分别进行简要介绍。

11.3.1 红外点温仪

该仪器常用来测量设备、结构、工件等表面的某一局部区域的平均温度。通过特殊的光学系统，可以将目标区域限制在 $1mm^2$ 以内甚至更小，这种测温仪的响应时间可以做到小于 1s。其测温范围可达 0～3000℃。

不足之处：①测量精度受多种因素的影响大；②对远距离的小目标测温困难，要实现远距离测温，需使用视场角很小的测温仪，且难以对准目标。

常用的红外点温仪主要有两大类：非致冷型和致冷型，采用致冷型的红外探测器可提高探测灵敏度，能对低温目标进行测量。

红外点温仪常用来测量设备、结构、工件等表面的某一局部区域的平均温度，通过特殊的光学系统，可将目标区域限制在 $1mm^2$ 以内，响应时间可达 1s 以内，测温范围可达 0～3000℃。

红外点温仪的不足之处：测温精度受多种因素影响；对远距离的小目标测温困难。

11.3.2 红外热像仪

红外热像仪是目前世界上最先进的测温仪器，根据其获取物体表面温度场的方式不同，常分为单元二维扫描、一维线阵扫描、焦平面（FPA）以及 SPRITE 等。

11.3.2.1 工作原理和特点

由于红外辐射同样符合几何光学的相关定律，因此可以利用红外探测器探测并接收目标物体的红外辐射，通过光电转换、信号处理等手段，将目标物体的温度分布图像转换成视频图像传输到显示屏等处显示出来，这样我们所观察到的就是物体的一幅热图。目前高速的热像仪可以做到实时显示物体的红外热像。

红外热像仪优点：①能显示物体的表面温度场，并以图像的形式显示，非常直观。②分辨率强，现代热像仪可以分辨 0.1℃甚至更小的温差。③显示方式灵活多样，温度场的图像可以采用伪色彩显示，也可以通过数字化处理，采用数字显示各点的温度值。④能与计算机进行数据交换，便于存储和处理等。

红外热像仪的主要不足之处是，热像仪一般需要采用液氮或热电致冷，以保证探测器在低温下工作。这样使得结构复杂，使用不便。此外，光学机械扫描装置结构复杂，操作维修不方便。热像仪的价格也非常昂贵。

11.3.2.2 红外成像系统

利用红外探测器、光电成像物镜和光电扫描系统，在不接触的情况下接收物体表面的红外辐射信号，该信号转换为电信号后，经电子系统处理传至显示屏上，得到物体表面热分布相应的“实时热图像”。

（1）热成像系统的基本组成

热成像系统是一个利用红外传感器接收被测目标红外线信号，经放大和处理后送返显示器上，形成该目标的温度分布二维可视图像的装置。其基本组成如图 11-6 所示。

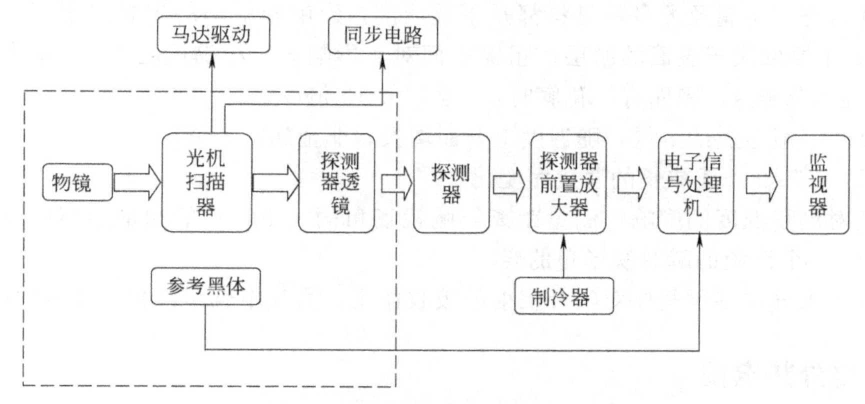

图 11-6 热成像系统的基本组成

其中红外探测器部分（又称扫描仪、红外摄像机）由成像物镜、光机扫描结构、致冷红外探测器、控制电路组成。成像物镜可根据视物大小和像质要求，由不同透镜组成。光机扫描结构由垂直、水平扫描棱镜及同步系统组成。致冷红外探测器用于接收目标的红外信息并能转化为电信号的红外敏感器件。控制电路消除由于制造和环境条件变化产生的非均匀性，使目标能量的动态范围变化能够适应电路处理中的有限动态范围。

（2）热成像的特点

红外热成像系统可以给出空间分辨率和温度分辨率都较好的设备温度场二维图形；可自一定距离外提供非接触、非干扰式的测量；可提供快速和实时的测量，从而可进行温度瞬态研究和大范围的快速观察；具有全被动式、全天候的特点。

（3）红外成像系统探测波段的选择

由于热成像红外探测器工作时受到大气的阻尼，阻尼源之一是空气中的二氧化碳及水分等对红外辐射的吸收。因此，为使大气的影响减到最小，可根据红外波长与大气传导率的关系选择探测器的波长。可选探测波段为：1 μm 左右的近红外段；2～2.5μm 段；3.5～4.2μm 段，短波段，常用此段；8～14 μm 段，长波段，用于低温及远距离探测。

（4）红外热像仪测温精度的分析

探测器输出视频信号幅度 U_δ

$$U_\delta \propto \frac{\omega\sigma T^2}{\pi}\int_{\lambda}^{\lambda_2}\varepsilon(\lambda T)\tau_a(\lambda)R(\lambda)d\lambda \qquad (11\text{-}14)$$

式中 λ_1、λ_2——热像仪工作波长范围；

ω——热像仪瞬时视场角；

σ——辐射常数；

T——被测物温度；

$\varepsilon(\lambda T)$——被测物光谱辐射率；

$\tau_a(\lambda)$——大气透过率；

$R(\lambda)$——热像仪总光谱响应。

由式（11-14）可知，测温精度与很多因素有关，主要影响因素有：测试背景状况；辐射率的影响，且辐射率 ε 直接影响测量结果。

影响辐射率的因素如下。

① 表面状态　金属及大多数材料都是不透明的，影响辐射率的主要因素有：有色皮或涂层表面，ε 主要取决于表面的涂层；粗糙表面对 ε 影响大，粗糙度增大，ε 增大；表面薄膜、污染层也会影响 ε；表面有氧化膜时，ε 会增大 10 倍以上。

② 温度　一般金属的 ε 低，随温度上升而增大；非金属的 ε 高。

③ 波长　ε 随红外线波长的变化而变化。

④ 距离对测量温度的影响　测量距离影响视场角的大小，一般测量距离取被测物体的大小满足 5～10 个系统的瞬时视场角的要求。

⑤ 大气　大气中多种气体对红外辐射的吸收作用；大气中悬浮微粒对辐射的散射作用。

11.3.3 红外热电视

（1）红外热电视的基本结构

红外热电视的基本结构如图 11-7 所示，其工作原理是：被测目标红外辐射经热释电管的透镜聚焦靶面，当靶面受热强度发生变化时，在靶面会产生与被测目标红外辐射能量分布组成的图像相对应的电位起伏信号，与此同时，电子束在扫描电路的控制下对靶面进行行、场扫描，在靶面信号板上产生相应的脉冲电流，该电流经负载形成视频信号输出。

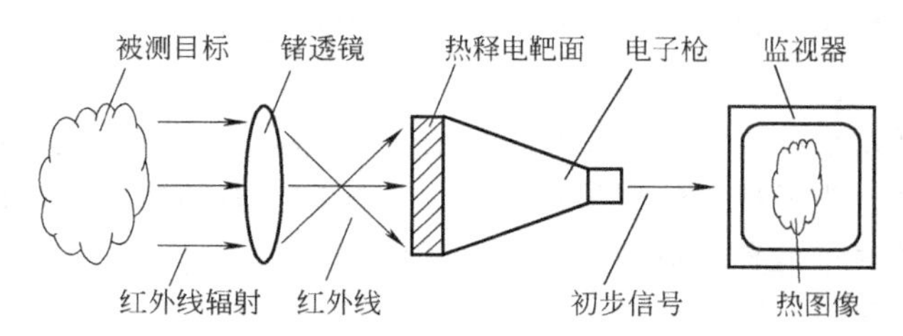

图 11-7　红外热电视的基本结构

（2）红外热电视的主要技术性能

红外热电视的电气结构示意图如图 11-8 所示，其主要技术性能包括测温范围；工作模

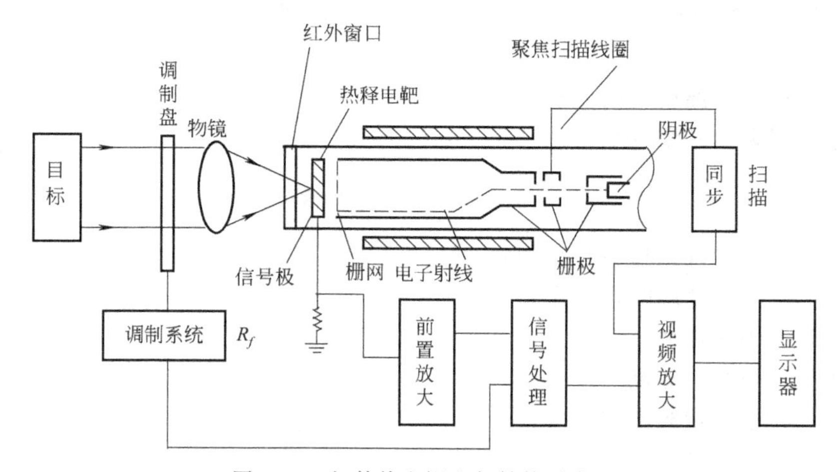

图 11-8　红外热电视电气结构示意图

式；温度分辨率；空间分辨率：任意空间频率下的温度分辨率；目标辐射范围：对不同辐射率被测目标的响应范围；测温准确度：最大误差与仪器的量程之比；红外物镜：镜头的焦距范围；工作波段，一般 3～5 μm 或 8～14 μm；显示方式以及最大工作时间。

11.4 红外系统类型

红外系统本质上是一个光学-电子系统，用于接收波长 0.75～1000μm 的电磁辐射。它的基本功能是将接收到的红外辐射转换成为电信号并利用它去达到某种实际应用的目的。例如，通过测定物体的红外辐射大小，确定物体的温度等。

11.4.1 红外系统的类型

① 按功能分：有测辐射热计、红外光谱仪、搜索系统、跟踪系统、测距系统、警戒系统、通信系统、热成像系统和非成像系统等。

② 按工作方式分：可分为主动系统和被动系统、单元系统和多元系统、光点扫描系统及调制盘扫描系统、成像系统和非成像系统等。

③ 按应用领域分；可分为军用系统和民用系统。

④ 按探测器元件数分：被动式红外系统可分为第一代、第二代和第三代系统（真正的“凝视”系统）。

11.4.2 红外仪器的基本特性

① 红外仪器最基本的功能是接受景物的红外辐射，测定其辐射量大小及景物的空间方位，进而计算出景物的辐射特征；至于红外搜索跟踪功能，则是在红外接收系统取得了景物基本特征信息后再由伺服机构加以完成的。

② 红外接收系统的性能主要指视场、探测能力和探测精度三个方面。视场表示红外仪器探测景物的空间范围。视场较大则相应的空间噪声增大，处理全视场信号所需时间较长或所需处理速度较快，因而会对仪器的探测能力及探测精度有所影响。探测能力包括红外仪器的作用距离、温度分辨率及检测性能等项参数，标示着仪器对景物探测的灵敏度。探测精度则指对空间景物的空间分辨率及目标的定位精度。探测灵敏度和探测精度是红外仪器的两项基本特性，它们由仪器的结构参数决定，同时也受仪器外部及内部的噪声和干扰制约。

11.4.3 红外仪器的应用

① 探测、测量装置：用于辐射通量测定、景物温度测量、目标方位的测定以及光谱分析等。具体的仪器有辐射计、测温仪、方位仪以及光谱仪等。在目标探测、遥感、非接触温度测定、化学分析等方面广泛应用。

② 成像装置：用于观察景物图像及分析景物特性。具体的仪器有热像仪、热图检验仪、卫星红外遥感装置等。在目标观测、气象观测、农作物监测、矿产资源勘探、电子线路在线检测、军事侦察等方面广泛应用。

③ 跟踪装置：用于对运动目标进行跟踪、测量及监控。具体的仪器有导弹红外导引头、机载红外前视装置、红外跟踪仪等。在导弹制导、火力控制、入侵防御、交通监控、天文测量等方面广泛应用。

④ 搜索装置：用于在大视场范围搜寻红外目标。具体仪器有森林探火仪、红外报警器等，在森林防火、入侵探测等方面广泛应用。

11.5 红外测温技术的应用

目前，红外无损检测在电力、石油化工、机械、材料、建筑、农业（生物优种、果品质量检测）、医学（口腔疾病、皮肤病、乳腺癌）等状态监测领域以及研究开发领域得到了广泛应用，并随着当代科技的不断发展显示出越来越强大的生命力。

（1）状态监测（图 11-9）

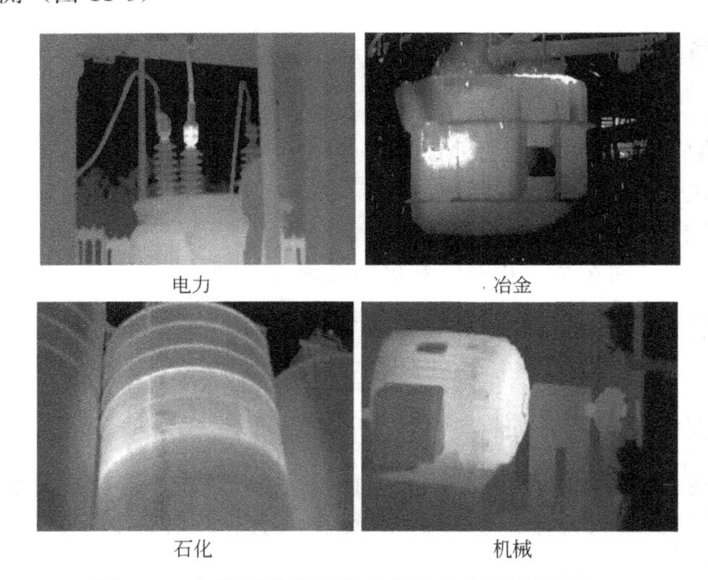

图 11-9 红外无损检测技术在状态监测领域的应用

（2）研究和开发（图 11-10）

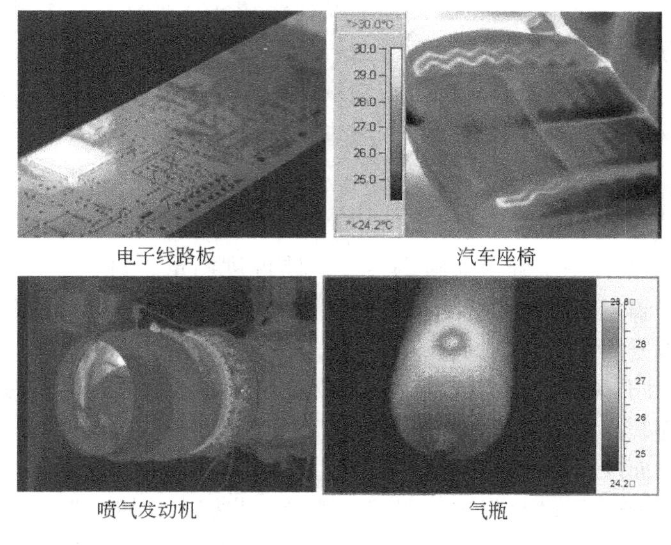

图 11-10 红外无损检测技术在研究和开发领域的应用

11.5.1 红外测温技术在材料和结构检测中的应用

红外热像检测的基本原理是利用被检物体的不连续性缺陷对热传导性能的影响，进而反应在物体表面温度的差别上，即物体表面的局部区域产生温度梯度，导致物体表面红外辐射能发生差异，检测出这种差异就可以推断出被检物体内部是否存在缺陷。

材料的红外检测需要注意：①大多数情况下红外检测只对近表面缺陷敏感，材料不同可检测的深度也不同。例如对复合材料仅能检测 2mm 深度的缺陷，但是对混凝土可以检测深度达 2cm；②缺陷本身的热性质要与周围有明显的不同。一般红外检测对孔洞、夹杂物、分层、锈蚀及积水敏感；③被检材料表面发射率问题。当被检物体表面发射率小于 0.2 时，检测会非常困难。

例 1 蜂窝复合材料的红外检测分析如下。

在复合材料蜂窝结构中，存在主要缺陷形式是脱粘和积水。这两种缺陷的产生有一定的关系，但他们对结构安全的影响方式不一样，发现这两种缺陷后处理方式也有较大区别。如图 11-11 所示的复合材料结构示意图中，A 区域所示为正常粘接，B 区域发生脱粘，C 区域为积水。热流注入设备在实验开始时将热量均匀导入复合材料的蜂窝结构，加热一段时间后移去热流注入设备，已被加热的试件直接暴露在室温空气中，热流反向扩散。对被测试件而言，整个过程分为升温和降温阶段。在红外检测前，试件一直放置于室温环境，已达到热平衡状态，正常区域和脱粘以及积水区域的温度基本一致。在升温阶段，由于其热容和热导率不同，使得升温结束时其不同区域温度不同，因此，此时在红外热像仪上所呈现的热图像出现温度分布。在降温阶段，脱粘区的温度首先趋于接近室温，积水区域保持高温的时间最长。因此，分析不同区域的降温过程，就可以区分和识别不同的缺陷类型。

图 11-12 为单面法进行内部缺陷红外无损检测的热图像。蜂窝结构中所存在的积水作为附加的吸热体，相对于正常区域需要吸收额外的注入的热量，使得在升温阶段结束时（0s）该区域的温度较低。如果以图像灰度等级表示温度高低，该区域则出现相应的黑色斑点。降

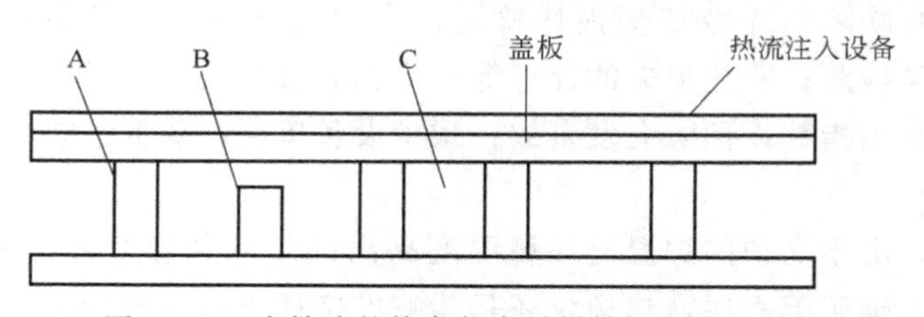

图 11-11 含缺陷的蜂窝复合材料结构试件示意图

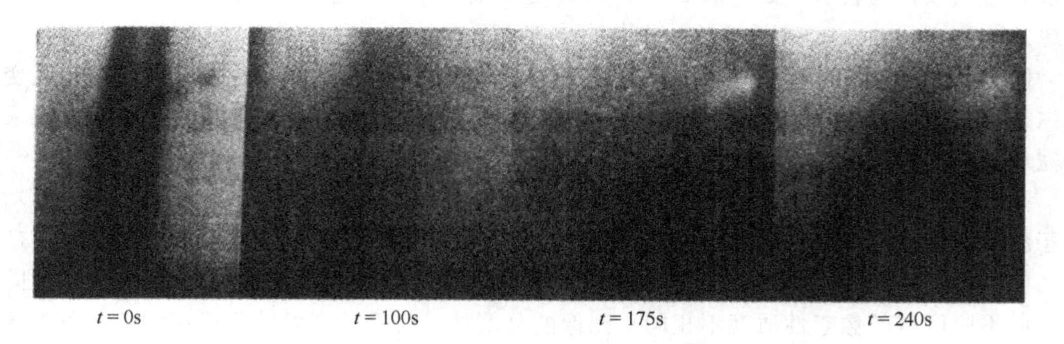

图 11-12 单面法进行内部缺陷红外无损检测的热图像

温过程开始后，主要因为该区域保有的热量较高，其降温速度较慢，两者温差逐渐减小。在测试 100s 时，两者温度几乎相同，热图像上的黑色斑点消失。随着降温继续进行，积水区温度反而比正常区域高，出现温差的正负变号现象。至 175s 时两者出现最大温差，积水区在热图像上形成明亮的白点。继续降温，白点的亮度逐渐下降（240s）。

例 2 图 11-13 所示为车间某处皮带传动红外成像图。图中很清晰地看到了两条三角带温度对比，虽然运行正常，但很显然，外侧的红色三角带温度太高，不能长时间使用，需要及时检查调整。

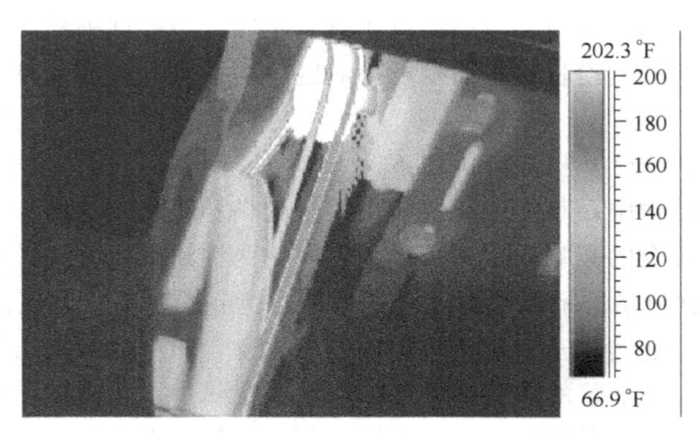

图 11-13　皮带传动红外成像检测

11.5.2　红外测温技术在冶金工业中的应用

冶金工业中的各种冶金炉都是在高温或高温高压下工作的，其绝热性能的状况直接影响着生产的安全和维修的计划。采用热成像技术可以比较直观形象地显示出热设备大面积的温度分布状态，以便及时地发现热点，避免重大事故。

红外测温技术在冶金工业中的应用有：①内衬缺陷诊断：包括高炉、热风炉、转炉、铁水包、回转炉的内衬缺陷；②冷却壁损坏检测；③内衬剩余厚度估算；④高炉炉瘤诊断；⑤工艺参数的控制与检测；⑥热损失的计算等。检测的目的是：指导设备维修；提高设备使用寿命；提高设备利用指数；预防突发事故；减少设备单耗；降低散热、节约能耗；调整工艺等。

例如高炉监测，由于高炉的炉温比环境温度高出许多，尽管炉壁有炉灰、铁屑、垫料、冷却壁、碳素填料、碳砖等六层，热像仪还是能够准确捕捉到温度异常的信息。如果热像中有过亮的区域，则表明该处材料或炉衬已经变薄而导致外部温度升高，从而有发生故障的隐患。

图 11-14 是高炉红外监测系统示意图。利用红外摄像仪把高炉内的工况拍摄下来，变成黑白视频图像，通过视频电缆传输到高炉控制室的工控机系统，在工控机系统中，图像采集卡完成视频图像到数字图像的转换，通过图像识别建立温度场分布模型。

高炉红外图像的处理可以分为图像预处理、图像分割和目标识别。图像预处理主要功能在于滤除图像噪声；图像分割是按照一定的图像特征，如图像的灰度特征、图像的纹理特征、图像的运动特征等将图像分割成若干有意义的区域，使得同一区域内的像素满足同质性，而不同区域的像素性质互不相同。图像的分割技术将原始图像转化成更抽象、更具体紧凑的形式，使得更高层次的分析和理解成为可能。目标识别是根据识别对象的某些特征如物

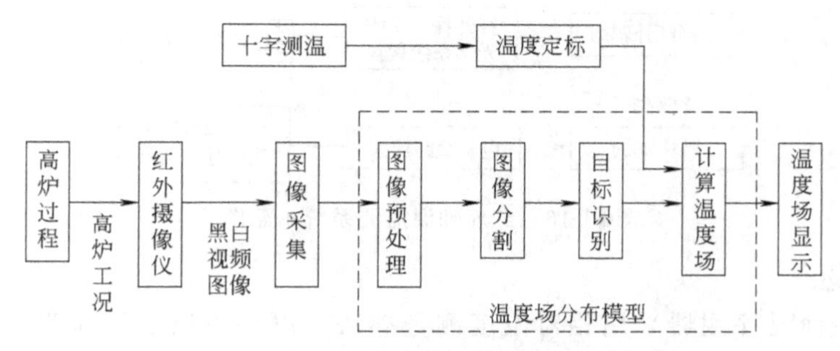

图 11-14 红外监测系统结构示意图

理特征、形态特征等，提取图像感兴趣的目标特征。现场生产的运行情况表明，基于红外图像处理的高炉温度场检测方法能够有效地帮助技术人员掌握高炉炉喉的温度场及煤气分布状况，协助指导高炉的布料控制。

11.5.3 红外测温系统在铁路交通运输中的应用

利用车辆在运行中发热的轴箱所发射的红外辐射的强弱来早期发现热轴故障，是一种不停车检查轴温的技术。火车车轮轴承座如果出现缺陷（例如轴承中有裂纹或润滑不足等），在列车运行中其相关部位的温度会迅速升高而过热，如不能及时发现，可能导致车轮卡住或轴承损坏，有可能使列车出轨。

对于上述问题可采用红外辐射检测方法解决。在指定地点的钢轨两侧安装红外辐射探测器，使过往列车车轮轴承发射的红外辐射恰好入射至红外探测器的物镜上，监测轮轴超过规定温度标准的过热情况。热轴检查准确率达 93%以上，可以准确监测轴温异常情况。探测器除用热敏电阻外，主要应用铌酸锶钡（SBN）、钽酸锂（LT）等热电探测器，能探测时速达 108km 列车的热轴。

热电探测器是一个电容性元件，阻抗在 $10^{10}\Omega$ 以上，必须采用高输入阻抗、低噪声前置放大器。一般希望输入阻抗高（$R_g \geqslant 10^{10}\Omega$）、跨导大（$G_m > 2000$），因靠近铁轨安装，震动及噪声对检测精度影响大，所以噪声系数尽可能低。为减少外界干扰及震动噪声，必须将第一级场效应管直接焊接到探测器的管脚上，高阻端悬空，密封在同一个黄铜管壳内，后边配接普通放大器即可。如图 11-15 所示。

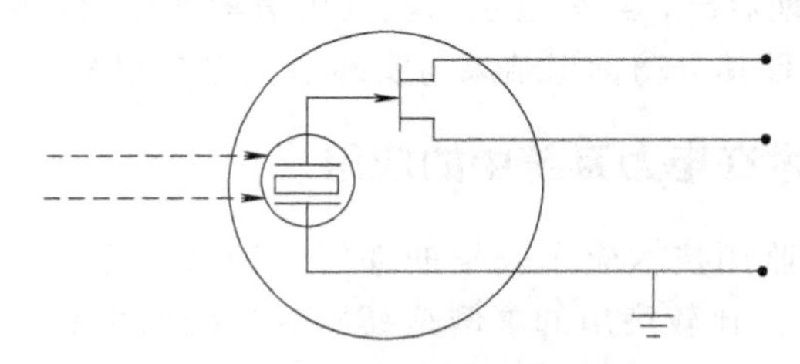

图 11-15 探测器与场效应管的组装图

（1）红外轴温探测技术的测量方法

铁路两侧安装红外轴温探测器，由红外探测器接收轴箱的红外辐射，测温系统把红外辐射转换成电脉冲信号，经电子线路放大，记录显示测量结果，其系统构成示意图如图 11-16 所示。

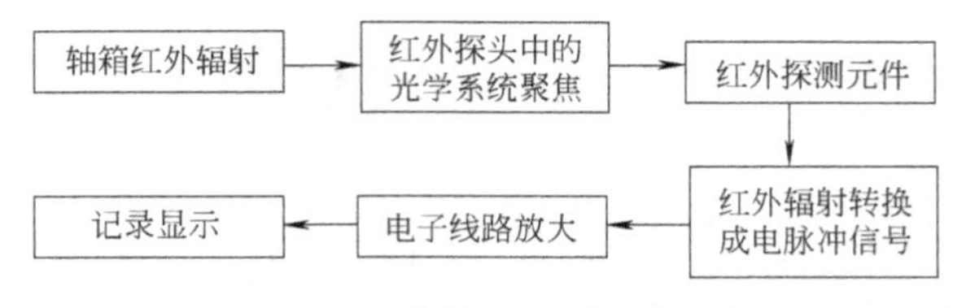

图 11-16　红外轴温监测系统示意图

（2）处理方法

目前的红外轴温探测器采用相对温度测量办法，以环境温度作为背景，红外探头探测轴箱温度和环境温度的差值从而系统输出电脉冲信号，这样轴温越高电脉冲信号越强。

11.5.4　红外测温技术在石化企业中的应用

红外检测在化工生产流程中的应用，例如：检测换热器的漏洞和堵塞、油封故障、转化炉炉墙温度等，可以了解保温状况以及热损失部位，记录异常。

对设备检测制定规划，做到有计划定时定点检修，对关键设备设立精密监测点，从热图像中提取各种重要信息，建立设备档案，以便对设备的故障进行准确的判断和预报。点检所用的方法是比较法。首先建立各种安全标准的热图像，即建立标准图谱；对运行设备定期安全巡检；通过实时热图像与标准热像的比较，根据图像的差异程度，结合工艺结构、材料进行综合分析。根据分析结果判断设备是否正常，发生故障的性质和部位。

红外无损检测技术在石化工业中的应用起步较早。在欧洲荷兰壳牌（Shell）石油公司从 20 世纪 70 年代开始用红外热像仪检测该公司各项炼油设备的生产安全，以后发展为承包中东等许多国家炼油厂的生产安全检测。我国近几年来很多炼油厂也开始了这方面的工作。例如 1990 年抚顺石化公司对所属三个炼油厂的三套催化、裂化装置的隔热衬性能用红外热像仪进行监测，发现其中有四套有不同程度的故障，及时进行了处理，避免了意外停产损失。又例如兰州炼油厂从 1987 年开始使用红外热像仪进行红外监测，1988 年及时发现该厂关键设备催化、裂化装置的再生器，铂重整及加氢装置的反应器的一个高温区，避免了一次突发性重大停产事故。

图 11-17 中可以明显地看出，红外管道探测仪可清晰地探测到肉眼所无法看到的埋地石油管道的位置及走向，并且其自动标识结果与实际情况完全相符。

11.5.5　红外测温技术在电力系统中的应用

电力部门是红外热像监测技术应用较早的部门。1985 年前，全世界就有美、英、加等 38 个国家开展了这项工作。比较突出的事例是高压输电线的机载巡检。1969 年美国电力局用直升飞机载 AGA750 热像仪以 120km/h 时速、80m 高度对 14000km 长的高压输电线进行巡检，共发现 100 个可疑过热接点。大大提高了检测效率，克服了人工巡检费时、费力、效率又低的缺点。目前国外机载巡检已定为常规方法。我国从 1982 年也开始起步进行这项工作。1982—1986 年西安热工研究所与河南电科所合作曾先后四次进行机载巡检，取得了很大经济效益。

用于电力设备裸露载流导体和接头热状态的检测，如高压输电线路压接管、线夹、高压

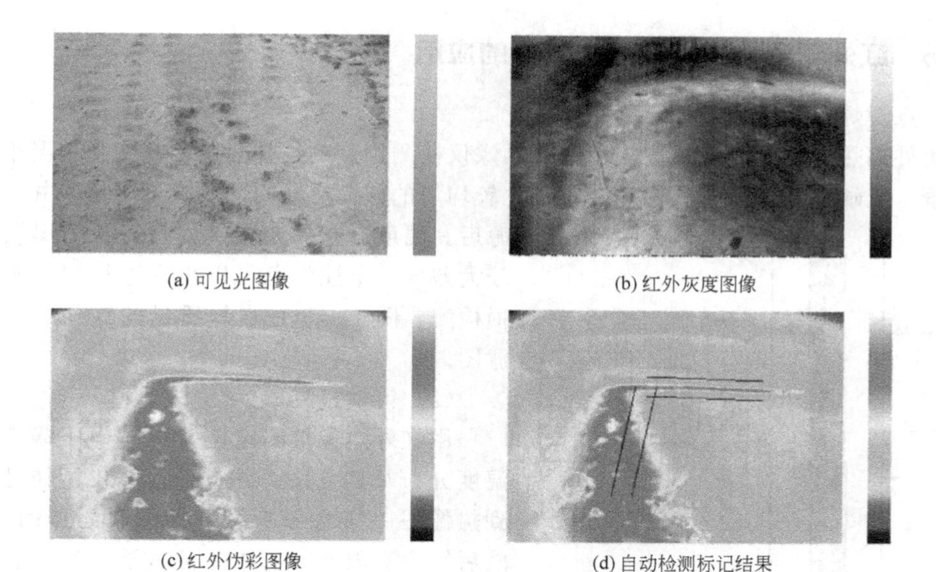

(a) 可见光图像　　(b) 红外灰度图像

(c) 红外伪彩图像　　(d) 自动检测标记结果

图 11-17　红外管道探测仪探测到的石油管道红外图像

变电站的母线衔头、高压变压器套管接头、配电线路接头和配电变压器接头等。采用红外热像仪对电力设备进行在线检测，找出不良的电气接头，及时维修以防止电气设备发生火灾，并减少电气设备的突发性事故。

图 11-18 为某 220kV 变电站红外测温时的缺陷耦合电容器的红外检测热像图谱。发现 220kV 板桥站新板线 B 相耦合电容器下节部分最高温度为 39.7℃，上节最高温度 37.4℃，温差为 2.3℃，其他耦合电容器红外测温结果正常。

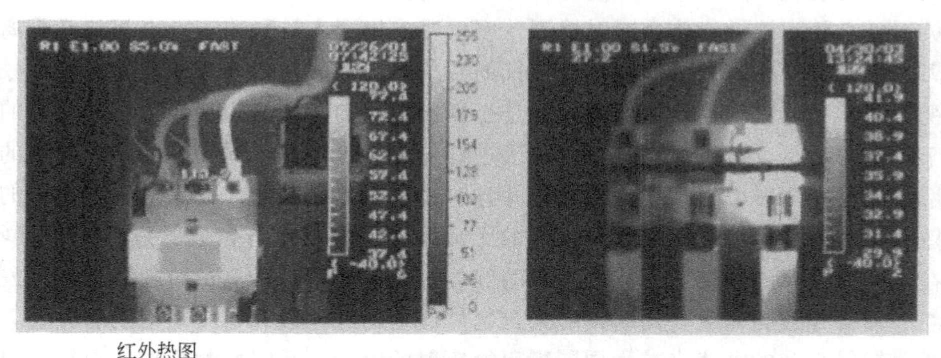

38.9℃ 35 30 25 20 16.4℃

分析结果表

标签	数值
SP01	36.3℃
SP02	38.3℃
SP03	36.0℃
AR01:最大值	39.7℃
AR01:最小值	34.8℃
AR01:平均值	37.5℃
AR02:最大值	37.4℃
AR02:最小值	32.8℃
AR02:平均值	36.2℃

图 11-18　缺陷耦合电容器的红外检测热像图谱

11.5.6 红外测温技术在机械工业中的应用

（1）点焊焊点质量的无损检测

采用外部热源给焊点加热，利用红外热像仪检测焊点的红外热图及其变化情况来判断焊点的质量。无缺陷的焊点，其温度分布是比较均匀的，而有缺陷的焊点则不然，并且移开热源后其温度分布的变化过程与无缺陷焊点将产生较大差异。上述信息可以用来进行焊点质量的无损检测。图 11-19 是点焊质量的红外无损检测示意图。

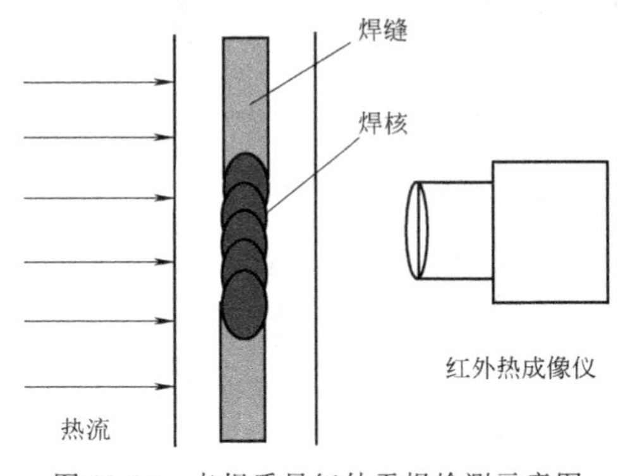

图 11-19　点焊质量红外无损检测示意图

（2）铸模检测

用红外热像仪测定压铸过程中压铸模外表面温度分布及其变化，并进行计算机图像处理，得到热像图中任意分割线上各像素元点的温度值，然后结合有限元或有限差分方法，用计算机数值模拟压铸模内部的温度场，可给出直观的压铸过程温度场的动态图像。

11.6 红外无损检测的不足与改进

红外无损检测就是依靠物体能够连续不断地辐射红外线通过温度场的变化测试的，但是被测物体周围环境一般都很复杂，存在很多障碍物，在检测时由于太阳光的反射，周围环境也会向成像仪的透镜辐射能量，即使有参考黑体的存在这种影响也很难消除，此外，检测时工作人员不可以随意接近物体，同时检测效率也要求检测人员和建筑物之间拉开距离，但是测试距离又不能随意拉大，一般红外成像仪的视角是固定的，如果所检测的区域半径远小于系统全视场的半径，输出的热图像信号就是全视场信号的平均值，造成传感器资源的浪费。

基于以上的不足，可以通过几种方法改进红外成像仪。对于周围障碍物热辐射的影响可以通过增加红外探测器中敏感元件的数量并且对其进行并联使用，提高对来自物体的辐射红外线的敏感程度，从而可以解决红外探测的距离限制问题。此外，以“发射信号接收信号”的形式在红外成像仪的远端增设一个主动的红外线发射装置，在测试时使主动红外发生装置先发射红外辐射到被测对象，同时接受来自物体反射的红外线和自身发射的红外线，通过增强被测对象辐射强度的方式来减小周围障碍物辐射的影响。系统检测视场的限制可以将红外接收端镜头改装成多镜头角度可调的接收器，实现视场范围的可调性。将其总结可得表 11-2。

表 11-2　红外成像检测技术的不足及其改进措施

项目类型	不　足	改进措施
1	周围障碍物的红外辐射影响	在红外成像仪远端增设主动红外线发生装置
2	检测距离的限制	在红外探测器中增加敏感元件的数量并且并联使用
3	系统检测视场的限制	将单一的接收物镜改装成多镜头视场可调的接收器

工程中的无损检测技术一般情况下都不是单独使用的，每一种检测技术都有各自的局限性，需要配合使用。红外成像无损检测以其独特的非接触式大面积宽视野检测优势成为包括超声波检测、冲击波测试等在内的无损检测的补充，在这些无损检测技术无法或者很难完成检测时，红外无损检测成为一种很好的互补测试手段，尤其适用于建筑节能监测和高层建筑外装饰物的质量测试。但是，红外无损检测技术仍然存在着周围环境辐射的影响、检测距离的限制等不足需要进一步改进。随着技术的进步在不断改进的基础上，红外无损检测技术在工程中的应用会更加广泛。

第12章 无损检测实验

本章共包含8个实验，分别为超声波测标准试块的厚度、超声波探测试件内的缺陷、超声波探伤仪探头的标定、涡流法测金属裂纹、涡流法测金属电导率、超声波及涡流法测厚的比较、渗透探伤、磁粉法对焊缝探伤，具体实验方案单独列出。

实验守则如下。

（1）实验者必须在规定时间内参加实验，不得迟到、早退。

（2）实验者进入实验室后，不准随地吐痰、抽烟和乱抛杂物，保持室内清洁和安静。

（3）实验前应认真阅读实验指导书，复习有关理论并接受指导人地提问和检查，一切准备工作就绪后，须经指导人同意后方可动用仪器设备进行实验。

（4）认真执行操作规程，注意人身和设备安全。实验者要以科学的态度进行实验，细心观察实验现象、认真记录各种实验数据，不得马虎从事，不得抄袭他人实验数据。

（5）如果仪器发生故障，应立即报告指导人进行处理，不得自行拆修。不得动用和触摸与本次实验无关的仪器与设备。

（6）凡损坏仪器设备、器皿、工具者，应主动说明原因，书写损坏情况报告，根据具体情节进行处理。

（7）实验完毕后，将计量器具和被测工件整理好，认真填写实验报告（包括数据记录、分析与处理，以及绘制必要的图形）。

12.1 超声波检测标准试块的厚度

（1）实验目的

① 掌握RQ-6800全数字智能超声波探伤仪的基本使用方法；

② 掌握用超声波测厚的基本方法。

（2）预习要求

① 了解相关内容，明晰超声波测厚的基本原理；

② 明确实验内容和目的，了解实验方法。

（3）实验内容

熟悉CTS-25超声波探伤仪的使用方法，并用它检测被测标准试块的厚度。

① 超声波检测仪的各面板如图12-1～图12-4所示，探头如图12-5和图12-6所示。

② 仪器开机：将探头电缆线一端接上探头，探头电缆线另一端插头插入主机的探头插座中，直至发出到位的“咔嗒”声音；按住电源键不放，当仪器发出短促的“嘀”声后，松

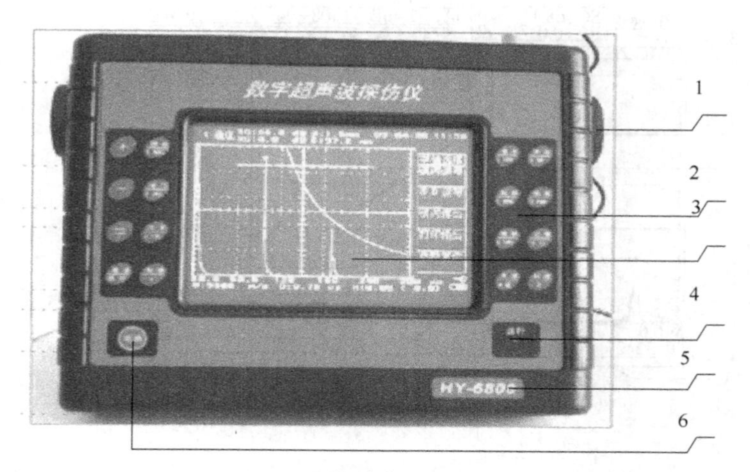

图 12-1 正面

1—仪器把手；2—功能键盘；3—TFT 显示屏；4—工作指示灯；5—仪器型号；6—电源开关

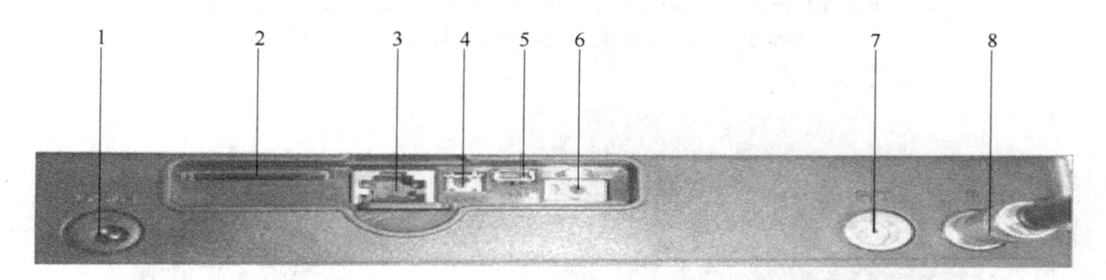

图 12-2 顶部

1—充电插口；2—SD 卡插槽；3—LAN 以太网插口；4—复位按钮（现场编程用）；
5—USB 接口；6—报警输出；7—探头收发插座 R/T；8—探头接收插座 R

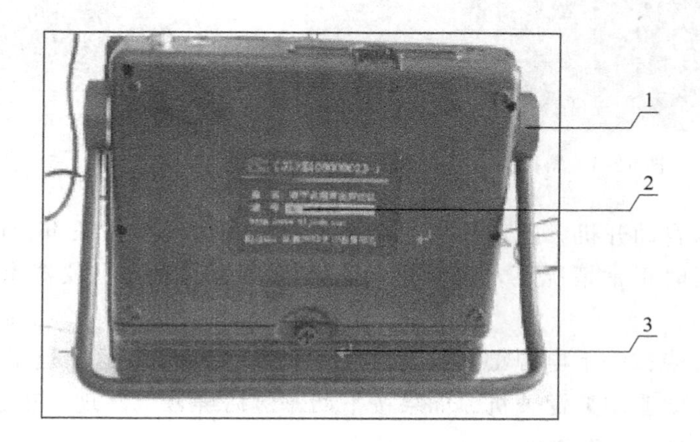

图 12-3 背面

1—仪器把手；2—铭牌（仪器编号等）；3—可拆卸式充电锂电池

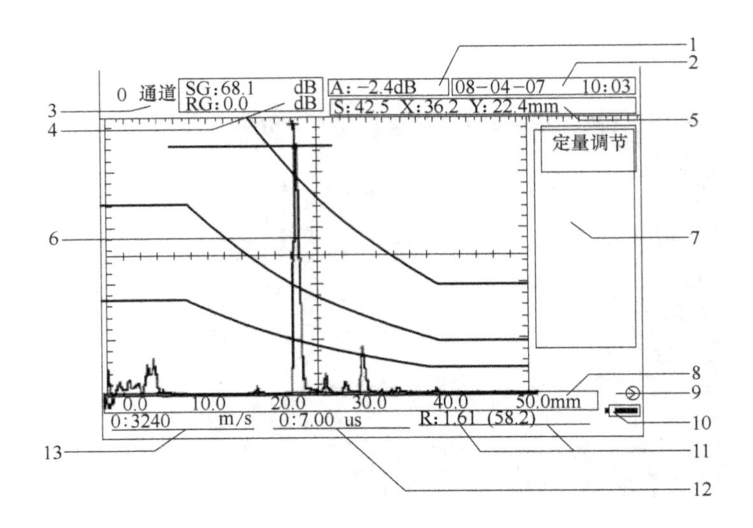

图 12-4 屏幕显示参数说明

1—当量值（SL、Φ）；2—日期、时间；3—通道编号；4—系统增益 SG、补偿增益 RG；5—三角声程值（S、X、Y）；6—波形、DAC 及 AVG 曲线显示区；7—功能菜单显示区；8—声程值（探测范围）；9—探头方式；10—电池电量；11—斜探头 K 值（折射角）；12—探头始偏值；13—声速值

图 12-5 斜探头

图 12-6 直探头

开按键手指，仪器自动开机，屏幕显示“数字超声波探伤仪 V x. x 年 月”字样，稍后进入探伤界面；开机时正常情况下，自动进入上次关机时的状态。仪器参数与上次关机时一致。

③ 仪器关机：点按一下电源键，仪器屏幕上出现“关机 按返回退出 按回车关机”字样，如要关机，请按【↵】键关机。如果按下回车键后屏幕上出现“正在处理 SD 卡”字样，请稍候片刻再按【↵】键关机。

（4）注意事项

测厚度前可完成如下操作对检测仪调零（若不调零，将在实际测厚时要求考虑超声波在导线中的传播时间)。

(5) 实验条件

① RQ-6800 全数字智能超声波探伤仪;

② 被测试块一块;

③ 耦合剂(黄油或凡士林)、游标卡尺等。

(6) 实验方法

① 直探头始偏手动调节方法如下。

注意:如是双晶直探头则要在【辅助】功能的"调节菜单"中把"收发方式"选项调为"双"。

始偏调节步骤如下。

a. 调声速:5900m/s。

调节方法:按【声速】键,屏幕右边栏显示"声速调节 步距 1.0"时按【↵】键,输入声速值 5900 确认无误后按【↵】键完成。

b. 调 K 值:直探头工作时 K 值为 0.00K。

调节方法:按【声速】键,屏幕右边栏显示"K 值调节步距 0.01"时按【↵】键,输入 0 确认无误后按【↵】键完成。

图 12-7 用 CSK-IA 试块调节直探头始偏

c. 调始偏:找一已知厚度的工件或 CSK-IA 试块的 100 高度尺寸,探头涂上耦合剂均匀用力放在工件上(见图 12-7),反复按【标度】键设置成声程标度或垂直标度;调节【声程】把底波调到屏幕的右边(纵向第四格内,用 CSK-IA 试块时调至 150mm),调【增益】把工件的最高反射波调到屏幕高度的 80%左右,调【门位】、【门宽】和【门高】使门罩住底波(注意不要罩住始波),反复按【始偏】键,直至屏幕右边栏显示"零点调节 0.1"时再按【+】键或【−】键配合调节,看 s 值等于或接近于工件厚度值(用 CSK-IA 试块时 s 值等于或接近 100)即可。

② 被测件厚度的测量如下。

根据两个波峰之间的距离,可以计算出所测部件的厚度值,如图 12-8 所示。

③ 上述测量结果需测量多次,取平均值,作为最终结果。

(7) 实验报告要求

① 实验目的、实验设备、实验步骤、测量示意图;

② 实验的原始数据;

③ 作误差分析。

(8) 思考题

① 超声波测厚的基本原理是什么?

② 观察示波屏上接收波形的变化,指出它与哪些旋钮有关?说明这些旋钮的作用。

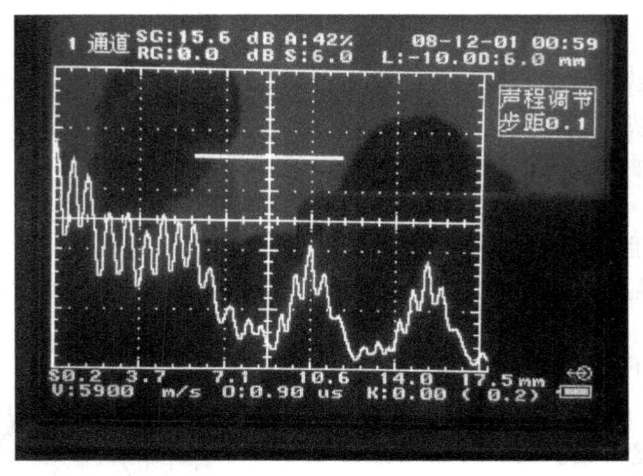

图 12-8 厚度波峰

附一：斜探头始偏手动调节方法

注意：如是双晶斜探头则要在【辅助】功能的“调节菜单”中把“收发方式”选项调为“双”。始偏调节步骤如下。

① 调声速：324000m/s。

调节方法：按【声速】键，屏幕右边栏显示“声速调节 步距 1.0”时按【↵】键，输入声速值 3240 确认无误后按【↵】键完成。

② 调 K 值：输入斜探头的标称 K 值，如 $K=2$。

调节方法：按【声速】键，屏幕右边栏显示“K 值调节步距 0.01”时按【↵】键，输入 2 确认无误后按【↵】键完成。

③ 调始偏：探头涂上耦合剂均匀用力放 CSK-IA 试块上（如图 12-9 中探头放置），按【标度】键设置成声程标度；调节【声程】把声程范围调到 200mm，调【增益】把 R100 的最高反射波调到屏幕高度的 80%左右，按住探头不动，调【门位】、【门宽】和【门高】使门罩住底波（注意不要罩住始波），反复按【始偏】键，直至屏幕右边栏显示“零点调节 0.1”时再按【+】键或【−】键配合调节，看 s 值等于或接近 100 即可。

在 $R100$ 回波为最高时，用钢尺量出 L 的值，再用 100 减去 L 值就是探头前沿，如图 12-10 所示。

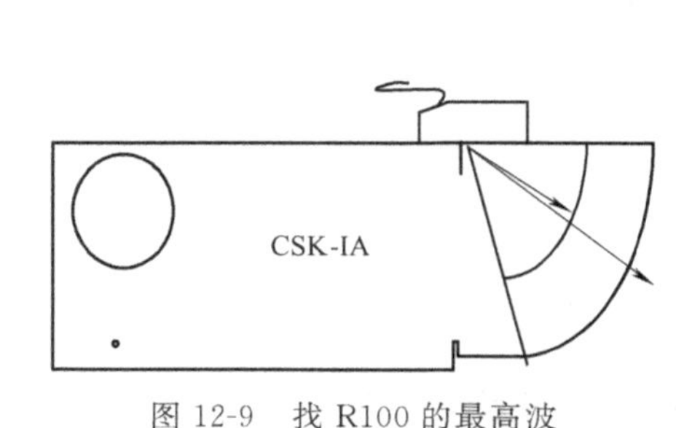

图 12-9 找 R100 的最高波

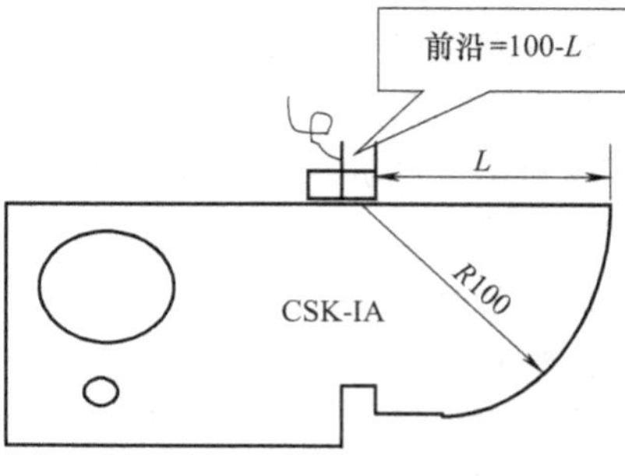

图 12-10 测量斜探头的前沿

按【辅助】键，在“探伤方法”选项中把工件类型设成“焊缝”再进入“探头设置”选项，把探头前沿及其他参数输入。

注意：一定要找准R100的最高反射波，否则始偏和前沿会有误差！

12.2 超声波探测试件内的缺陷

(1) 实验目的

① 掌握RQ-6800全数字智能超声波探伤仪的探伤方法；

② 理解用超声波探伤的基本原理。

(2) 预习要求

① 复习教材相关内容，明晰超声波探伤的基本原理；

② 明确实验内容和目的，了解实验方法。

(3) 实验内容

使用超声波探伤仪对被测试件进行探伤，找到缺陷位置并标出。超声波检测仪的各面板说明参见实验一所示。

(4) 注意事项

测厚度前可完成如下操作对检测仪调零（若不调零，将在实际测厚时要求考虑超声波在导线中的传播时间）。

(5) 实验条件

① RQ-6800全数字智能超声波探伤仪；

② 被测试块一块；

③ 耦合剂（黄油或凡士林）、游标卡尺等。

(6) 实验方法

直探头始偏手动调节方法如下。

注意：如是双晶直探头则要在【辅助】功能的“调节菜单”中把“收发方式”选项调为“双”。始偏调节步骤如下。

a. 调声速：5900m/s。

调节方法：按【声速】键，屏幕右边栏显示“声速调节 步距1.0”时按【↵】键，输入声速值5900确认无误后按【↵】键完成。

b. 调 K 值：直探头工作时 K 值为0.00K。

调节方法：按【声速】键，屏幕右边栏显示“K值调节步距0.01”时按【↵】键，输入0确认无误后按【↵】键完成。

c. 调始偏：找一已知厚度的工件或CSK-IA试块的100高度尺寸，探头涂上耦合剂均匀用力放在工件上，反复按【标度】键设置成声程标度或垂直标度；调节【声程】把底波调到屏幕的右边（纵向第四格内，用CSK-IA试块时调至150mm），调【增益】把工件的最高反射波调到屏幕高度的80%左右，调【门位】、【门宽】和【门高】使门罩住底波（注意不要罩住始波），反复按【始偏】键，直至屏幕右边栏显示“零点调节0.1”时再按【+】键或【−】键配合调节，看 s 值等于或接近于工件厚度值（用CSK-IA试块时 s 值等于或接近100）即可。

d. 测待测试样的缺陷：将探头放在试样表面探伤，屏幕上会显示波形，正常波形如图12-11所示，有缺陷波形如图12-12。

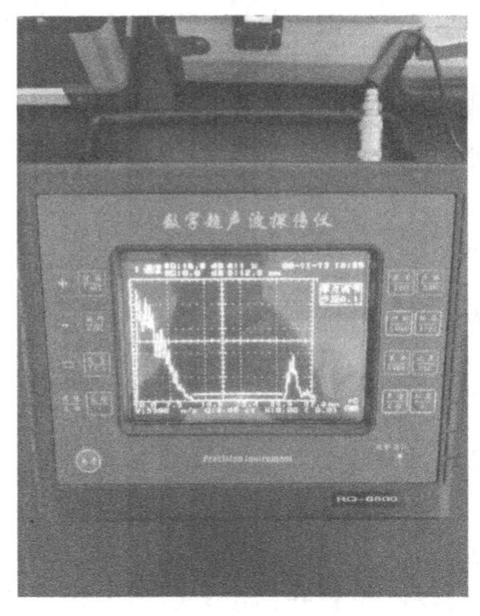

图 12-11　无缺陷波形

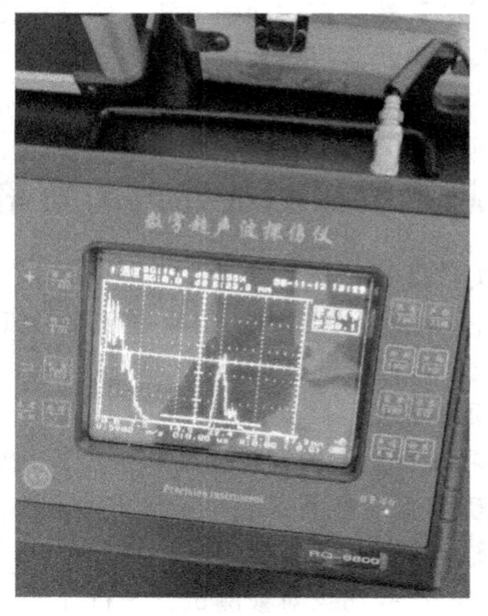

图 12-12　有缺陷波形

（7）实验报告要求

① 实验目的、实验设备、实验步骤、测量示意图；

② 实验的原始数据；

③ 作误差分析；

④ 思考题解答。

（8）思考题

① 为什么用超声波能够检测试块内部的缺陷？

② 检测超声法检测试块内部空洞的主要测试指标有哪些？如何用这些指标判断试块内部空洞的位置？

③ 简述用超声波平测法检测试块浅裂缝深度的主要步骤及主要测试指标。

④ 超声波还能检测试块的哪些缺陷？

12.3　超声波探伤仪探头的标定

（1）实验目的

① 熟练掌握 RQ-6800 全数字智能超声波探伤仪的使用方法；

② 掌握 RQ-6800 全数字智能超声波探伤仪探头的校准方法；

③ 理解探头的 K 值、探伤灵敏度的含义。

（2）预习要求

① 熟悉相关教材内容；

② 了解实验设备；

③ 深刻理解实验内容和方法。

（3）实验内容

完成探头如下校准内容：校距离、校 K 值、制作距离波幅曲线、确定检测范围、确定探伤灵敏度。

（4）注意事项

① 实验内容假定：被检工件厚度20mm，材质20MnMo，焊缝类型为X，坡口角度为45°，对焊宽度2mm，执行标准GB 4730—1993。对探头进行校准；

② 根据上述条件，待检工件为焊缝，应选用横波探伤，同时考虑材质，声速应为3240m/s，探头频率应为2.5MHz，工件厚度为20mm，属中厚板探伤，探头K值应为2（探头规格2.5P，13×13K2），由于要执行GB 4730—1993标准，根据此标准可知，校准用的标准试块为CSK-ⅠA，对比试块为CSK-ⅢA，当工件厚度为20mm时，则判废线为$\phi1\times6$ 5dB，定量线为$\phi1\times6-3$dB，评定线为$\phi1\times6-9$dB，此三条线的$\phi1\times6$是指CSK-ⅢA试块上的人工缺陷（短横孔），三条线分别加减多少分贝是以$\phi1\times6$短横孔为基准；

③ 参数表中的补偿是根据被检工件表面粗糙度与试块表面粗糙度不同引起的声能差决定的，一般补2～4dB，这里暂定补偿2dB；

④ 参数表中的"焊口编号"、"缺陷编号"是在实际探伤时，在哪一道焊口发现了缺陷，发现了第几个缺陷，临时输入的，可暂不输入。

（5）实验条件

① RQ-6800全数字智能超声波探伤仪；

② CSK-ⅠA、CSK-ⅢA试块；

③ 2.5P 13×13 K2。

（6）实验方法

① 校距离（或称距离校准）　准备好CSK-IA型试块和2.5P 13×13K2探头，在仪器待命状态下，光标在A扫前闪动，按↑、↓键，推滚出"校准"功能，光标在扫查前闪动，按?键进入扫查，按功能窗显示键，功能窗显示，按→键，使显示刻度变成1∶1，按功能窗显键，按←键，将100mm左、右刻度移到观察范围内。按两次，按→键将闸门拉宽到适当宽度，再按，按←、→键将闸门移动套住100mm左、右的适当范围。

移动探头，寻找$R100$圆弧的反射回波，按"峰值搜索"键，寻找最大反射回波，当找到最大反射回波后，坐标下方显示$S=$×××mm，及××%，此时，S的值应大于100，大于的数既是超声波在探头楔块中走过的距离，这个数对我们计算被检工件中的近场长度是非常重要的，××%说明当前回波高度，按?键退出扫查功能，光标在扫查前闪动。

按→键，将光标移至"校距离"前，按?键进入校距离子功能，仪器自动进入闸门内最大回波搜索功能。移动探头，找到$R100$弧的反射波，按dB键，功能窗显示"dB"，按↑、↓键，将回波调至适当高度（注：也可用自动增益键，将回波幅度自动调到满刻度的80%左、右），且回波一定要在闸门范围以内，否则需要重新调整闸门宽度及所在位置。轻微移动探头，找到最大反射波。按?键退出"校距离"子功能。光标重新在"校距离"前闪动，表示已完成距离校准。

注：未完成距离校准前，$R100$弧的反射波，在大于100mm刻度的某一位置出现，完成上述操作后，其回波将自动移至100mm刻度处。

按?键进入校距离子功能，再按?键退出，坐标下方同时显示有关参数值。其中S表示对已知$R100$弧的实测值。

如果（$100-S$）＞0.1mm，说明上述校准精度不够，则需要重新校准。当得到满意的精度时，固定探头，用尺量出探头至$R100$弧端点的距离，并用100减去这个距离，将差值输入到探头前沿参数中。

② K 值校准　距离校准结束后，将校准参数设置为15mm，坐标选择 H（垂直深度），其他参数不变。

在“校准”功能中，按←、→键，将闪动的光标移到“扫查”子功能前，按？键进入“扫查”子功能，按键功能显示，按→键将15mm刻度移到屏幕适当位置，移动探头在15mm坐标附近找到15mm深的人工孔反射波，（CSK-ⅠA上的横通孔）按dB键，功能窗变成dB，按↑、↓键，将反射波幅度调至适当高度（也可用自动增益键直接调节）移动并调节闸门使其套住该反射波，闸门移动、调节过程与距离校准过程中闸门移动调节相同。按？键退出“扫查”，光标将在“扫查”前重新闪动。

按→键将闪动的光标移到“校K值”子功能前，按？键进入，找到最大反射波，按？键退出校K值子功能，光标将重新闪动，表示K值校准完毕，此时，被测探头的实际K值显示在坐标轴的左下方，参数表中的探头K值同时被修改。

制作距离波幅曲线：距离波幅曲线在实际探伤中，可以直接同反射波进行当量大小比较。由于同一规格型号的探头其灵敏度、K 值等项指标均存有差别，所以在制作曲线时，一只探头只能对应一组曲线，也就是说，对于不同的探头，需用不同的曲线图，彼此间不能互用。为方便现场探伤，QKS-958型探伤仪可预先存入四组不同探头分别制作的曲线。

准备好CSK-ⅢA标准试块，按↑键推滚出［波幅曲线］功能，光标在选择“O”前闪动，按？键进入选择子功能，光标“-”在选择后闪动，选择范围由“1-4”，如选择“1”，按“1”键，再按？键，选择结束，光标重新在选择前闪动，按→将闪动的光标移至制作前，按？键进入，闪动的光标“-”在制作后闪动，提示准备用几个不同深度的横孔做制作点（要求最少三个点，最多九个点），如选用3个制作点，则按“3”键，再按？键。仪器进入准备制作状态，第01次提示可制作第一点，按功能窗显示，按←或→键，将10mm坐标移至整刻度，把探头放在10mm深横孔一侧轻微移动，找出该孔反射回波，调节闸门使其套住该回波，按“dB”键和↑、↓键将波高调至满刻度的80%（也可用自动增益键调节波高），按“峰值搜索”键，再轻微移动探头寻找最大反射波。确认波高无误后，按？键，第一点测试结束，仪器自动将测试结果记录，此时第02次提示可做第2点，即用20mm深横孔做测试点。按上述操作步骤，将20mm、30mm深横孔的深度坐标移至整刻度，波高分别调至满刻度的80%进行测试，当测试结束后，仪器自动绘制出一组曲线，这组曲线就是在CSK-ⅢA试块上，利用10mm、20mm、30mm深度 $\phi 1\times 6$ 三个横孔制作的，由上至下分别为判废线、定量线、评定线，三条曲线形成三个区域，“1、2、3”区，至此，曲线制作完毕，并自动存入仪器内，可长期掉电保存。

说明：如执行的标准不同，即使用的试块不同，则选用做测试点的横孔深度不同，如使用SGB试块则第一横孔深度为5mm，做出曲线的起始点对应的深度坐标 H 值为5mm，其他操作过程如上述。

对“波幅曲线”功能中，选择子功能有如下解释。

a. 选择“1-4”，是对准备使用的4只探头制作的曲线进行编号，并相互对应。做完的曲线已分别存入仪器内部的曲线存储区，与其他存储方式不能混用。探伤时，使用哪一只探头则用选择子功能调出与之相对应的曲线。

b. 对使用过的探头需要重新测试或探头已报废，需要更换新的时，需重新做距离和 K 值校准，并要重新制作曲线。如此时，其他探头和与之对应的曲线还没有使用，而且不想将其报废，在选择曲线存储区时则要有针对性，因为任何一个存储区只记忆最后一次存入的信息，先前存入的将被取消。

c.用准备使用的探头做完距离校准、K 值校准和制作完曲线后，参数表中设置过的所有参数都将随曲线一起存储起来，使用时调出与使用的探头对应的曲线则相应的参数同时调出。

d.利用选择子功能键调出要用的曲线，准备探伤时，由于实际探伤过程中被检工件的厚度经常变化，因此，参数表中工件厚度这项参数要随之进行修改，使之与实际被检工件厚度相同，否则，在利用焊缝判伤图形确定缺陷在焊缝中具体位置时，将出现错误。实际探伤中，有时需要用 L（水平）或 H（深度）做坐标，用“选择”子功能调出曲线后，也要将参数中的坐标一项做相应的设置。

③ 确定检测范围　光标在 A 扫前闪动，按？键进入 A 扫，此时坐标显示 H（深度），现场探伤使用深度（H）坐标较为方便，这里不做变化，观看坐标显示最大范围为 24.2mm，实际探伤时坐标显示的最大范围应大于被检工件厚度的两倍。按键，功能显示完毕。

④ 确定探伤灵敏度　按 dB 键，功能窗显示 dB，按↑键将定量线起点升高至满屏的 80%，探伤灵敏度确定完毕。

(7) 实验报告要求

① 客观记录校准过程；

② 对校准过程进行分析，说明其原因；

③ 对思考题进行解答。

(8) 思考题

① 为何进行超声波探头的校准？校准的主要方法是什么？

② 超声波探伤仪的使用需要注意哪些问题？

③ 何为 K 值校准？

④ 何为探伤灵敏度？

12.4 涡流法测金属裂纹

(1) 实验目的

① 熟悉艾帝尔 2D 涡流探伤仪的操作方法；

② 掌握对金属裂纹的探伤方法。

(2) 预习要求

① 复习教材相关内容，明晰电涡流探伤的基本原理；

② 明确实验内容和目的，了解实验方法。

(3) 实验内容

① 观察各种探头形状，了解探头结构和使用特点；

② 熟悉涡流探伤仪的操作界面，设置合理的检测参数；

③ 检测试块裂纹，并设置自动报警。

(4) 注意事项

① 在接入电源之前，请查看仪器外观是否扭曲变形，以免电路短路；

② 仪器在极低温度下使用时，会影响其正常操作，这是正常的，并不意味着故障或错

误，请勿将仪器放置在高温条件下；

③ 请勿将仪器放置在潮湿、易爆环境中操作，以免发生短路爆炸；

④ 不要打开仪器外表面，以免金属物等导电物体不慎落入仪器内部；

⑤ 不要剧烈振动或撞击仪器；

⑥ 请保持仪器表面清洁和干燥；

⑦ 请避免外界强磁场对仪器检测的干扰。

（5）实验条件

① EEC-30S 智能金属管道涡流探伤仪及其各种探头；

② 被测带裂纹试块一个。

（6）实验方法

① 仔细观察各种探头，弄清绝对式和相对式探头结构及其特点；

绝对式探头：只用一个检测线圈进行涡流检测的探头。

差动式探头：两个检测线圈反接在一起进行工作的探头。

② 操作仪器各种菜单，熟悉操作界面，学会使用方法。

a. 按开始键开机，连接探头，按任意键，屏幕显示窗口如图 12-13 所示；

b. 按 F1 键进入涡流阻抗平面图，菜单主要包括显示、检测、参数、设报警、文件和帮助六个主菜单栏。屏幕显示窗口如图 12-14 所示。

图 12-13　屏幕显示窗口

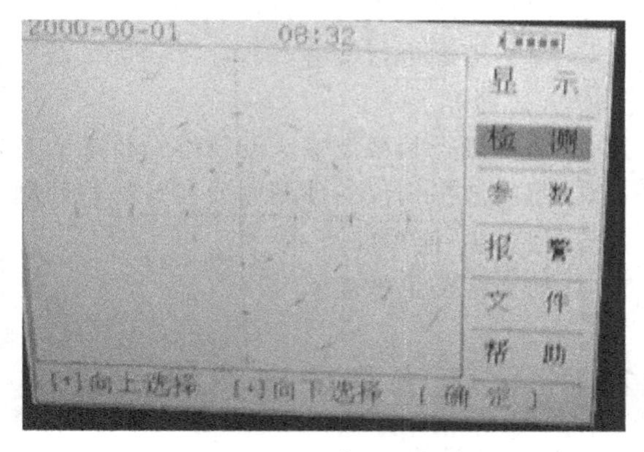

图 12-14　屏幕显示窗口

c. 进入主菜单，首先要设置参数。进入显示子菜单界面进行参数设置屏幕显示窗口如图 12-15 所示。

窗口说明如下：时基显示窗，以时基扫描形式显示缺陷信号。阻抗显示窗，以阻抗形式显示缺陷信号。根据实验要求选择所需参数。

d. 在主菜单的“检测”下，有图 12-16 所示子菜单，根据实验要求选择相应的频率、增益和相位。

e. 在“设参数”菜单中，设置内容如图 12-17 所示根据所选探头的不同，需改动 P 驱动。一般其他参数无须改动。

f. 进入“设报警”状态，选择需要设置的报警选项。报警模式包括图 12-18 所示情况。当报警显示处于“开”状态时，在检测中涡流矢量点落入红色扇形区域，对应的报警声音响起。

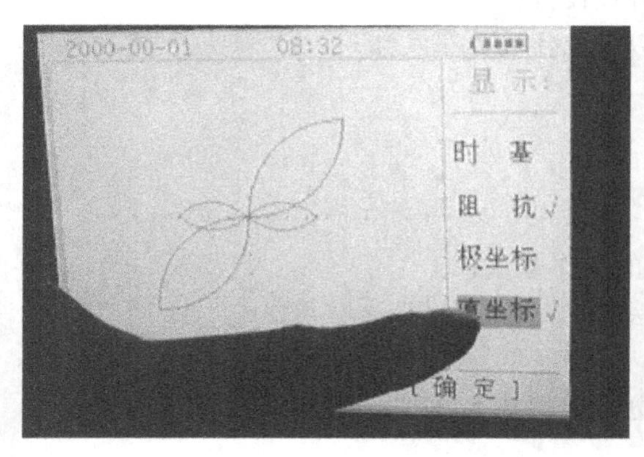

图 12-15 屏幕显示窗口

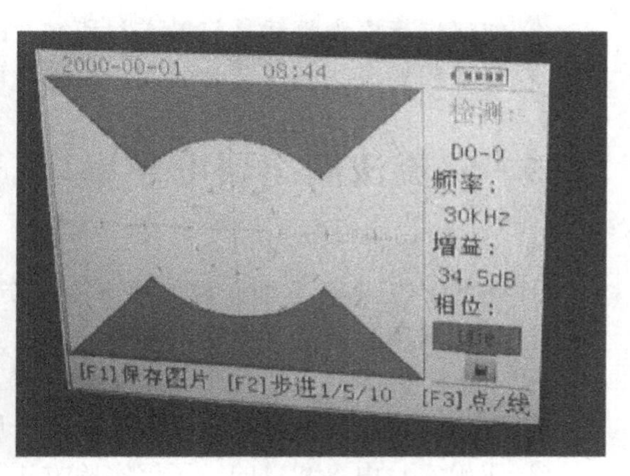

图 12-16 检测子菜单

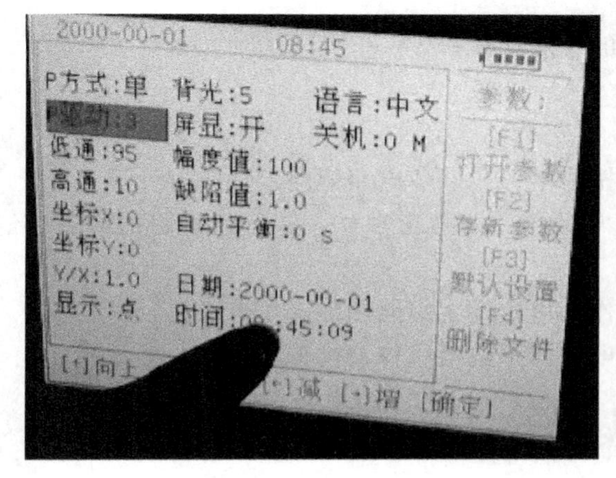

图 12-17 参数列表

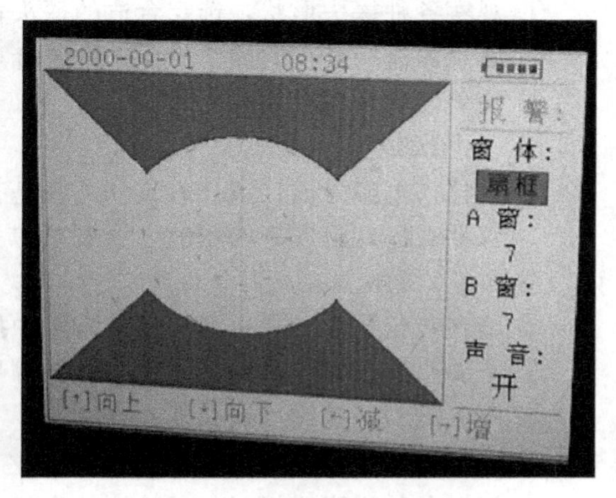

图 12-18 报警模式菜单

g. 设置好所有参数，将界面调至检测，探头置于所需检测的试样上，按键进入检测界面，并确认，开始检测。

若选择内放探头，探头放置入试样，则在听到报警声音后，按平衡键，使信号键归于原点，移动探头，遇到缺陷，会产生“8”字信号并报警，如图 12-18 所示。

若选择焊缝探头或点探头，探头置于试样表面，按平衡键，使信号键归于原点，移动探头，遇到缺陷，信号点进入红色区域并报警。

③ 根据前述操作方法的介绍，对给定带裂纹的对比试块进行缺陷探测，仔细调整各参数，选定相应阻抗平面图，实现对裂纹缺陷的自动报警。

(7) 实验报告要求

① 明确实验目的、实验设备、实验步骤；

② 实验的现象记录；

③ 作涡流探伤特点分析；

④ 思考题解答。

(8) 思考题

① 涡流探伤的基本原理是什么？

② 如何进行探头驱动、前置增益和增益的合理设置？

③ 若要用涡流法进行裂纹的大小测定，可以采取什么办法？

12.5 涡流法测金属电导率

(1) 实验目的

① 熟悉EEC-30S智能金属管道涡流探伤仪的操作方法；

② 掌握利用涡流法对金属电导率的测定方法。

(2) 预习要求

① 复习教材相关内容，明晰电涡流测金属电导率的基本原理；

② 明确实验内容和目的，了解实验方法。

(3) 实验原理及内容

① 观察各种探头形状，选定合适的探头；

② 熟悉涡流探伤仪的操作界面，设置合理的检测参数；

③ 检测给定金属板的电导率。

(4) 注意事项

① 在接入电源之前，请查看仪器外观是否扭曲变形，以免电路短路；

② 仪器在极低温度下使用时，会影响其正常操作，这是正常的，并不意味着故障或错误，请勿将仪器放置在高温条件下。

③ 请勿将仪器放置在潮湿、易爆环境中操作，以免发生短路爆炸；

④ 不要打开仪器外表面，以免金属物等导电物体不慎落入仪器内部；

⑤ 不要剧烈振动或撞击仪器；

⑥ 请保持仪器表面清洁和干燥；

⑦ 请避免外界强磁场对仪器检测的干扰。

(5) 实验条件

① EEC-30S智能金属管道涡流探伤仪及其各种探头；

② 铜质、铝质金属板各2块；

③ 被测金属钢板一块。

(6) 实验方法

① 根据被测钢板的形状和测定要求，选择合适的探头。

② 在“调试”子菜单下可以进行探头校准和平衡位置设置。移动蓝色光标，选择探头校准，按确认键进入探头校准框。

其中，频率、前置、驱动和纠偏四个选项可改动，改动方法请查看该图下方的说明。前置放大一般为10～15dB，不可太大，否则易引入干扰，其他参数的调整，以正弦波形完整，且位于屏幕中心为宜，此时意味着探头工作正常。注意：调整参数时，注意所接探头的频率工作范围。

③ 在“设参数”菜单中，根据选定探头，预设检测参数。

④ 选定时基扫描+阻抗平面显示，在阻抗平面图中，根据给定铜板和铝板仔细设定矩形报警框，注意报警框要尽可能小。

⑤ 测定给定钢板的阻抗情况，仔细观察其阻抗幅值和相位在阻抗平面图中的位置，与

设定的铜板和铝板报警框位置进行比较，确定被测钢板的电导率。

（7）实验报告要求

① 明确实验目的、实验设备、实验步骤；

② 实验的现象记录；

③ 作涡流测金属电导率的特点分析；

④ 思考题解答。

（8）思考题

① 涡流测金属电导率的基本原理是什么？

② 如何进行探头选择及相关参数的合理设置？

③ 为何难以用涡流法准确测量金属电导率？

12.6 超声波、涡流法测厚的比较

（1）实验目的

① 深刻掌握超声波测厚的方法和特点；

② 深刻掌握涡流法测厚的方法和特点；

③ 理解超声波、涡流法测厚的不同之处。

（2）预习要求

① 复习相关教材内容，理解超声波和涡流测厚的基本原理及方法；

② 复习 CTS-25 超声波探伤仪、EEC-30S 涡流探伤仪的操作方法。

（3）实验内容

利用超声波探伤仪及涡流探伤仪对塑料板测厚，比较测定数值，计算测量误差，分析测定结果。

（4）注意事项

① 注意 CTS-25 超声波探伤仪、EEC-30 涡流探伤仪的正确操作方法；

② 超声波测厚时注意将耦合剂涂抹均匀，实验完毕后注意清理干净；

③ 正确设置涡流探伤仪的参数设置，并选定合适的探头。

（5）实验条件

① CTS-25 超声波探伤仪 1 台；

② EEC-30S 涡流探伤仪 1 台；

③ 对比试块（铝板）一块；

④ 游标卡尺一把；

⑤ 被测塑料板若干；

⑥ 耦合机油若干。

（6）实验方法

① 选定涡流探伤探头，设定检测参数；

② 用游标卡尺测定几块塑料板的厚度；

③ 将已测厚度的塑料板分别紧贴在铝板上，将探头紧放在塑料板上，在阻抗平面图中根据实际阻抗幅值和相位画定矩形报警框，注意报警框要越小越好；

④ 取下塑料板，直接用相同的方法测铝板的阻抗，画好报警框；

⑤ 将被测塑料板紧贴在铝板上，将探头紧放在被测塑料板上，观察所测阻抗值落在阻抗平面中的位置，并与前面画定的报警框比较，估算塑料板的厚度；

⑥ 将被刺塑料板涂上耦合机油，利用超声探伤仪测定厚度；

⑦ 比较两种不同方法的测厚结果。

（7）实验报告要求

① 实验目的、实验设备、实验步骤、画出测量示意图；

② 实验的原始数据记录，并作误差分析；

③ 比较两种测量方法的异同，分析测量特点；

④ 思考题解答。

（8）思考题

① 涡流法、超声法测厚的基本原理是什么？

② 涡流法测非金属的厚度时有何特点？

③ 从测量结果看，哪种方法相对更好些？为什么？

12.7 渗透探伤

（1）实验目的

① 了解渗透探伤的基本原理；

② 掌握渗透探伤的基本过程。

（2）预习要求

① 熟悉相关教材内容；

② 了解实验目的和操作方法、注意事项。

（3）实验内容

① 了解实验设备；

② 观察毛细现象、了解缺陷评定方法

（4）注意事项

① 工件表面在实验前一定要清理干净；

② 喷洒渗透剂和显像剂后，要保证充裕的时间再进行下一步操作；

③ 注意喷洒乳化剂后的水洗，表面水洗干净后要擦干工件表面，保证工件表面干燥；

④ 施加显像剂时，应使显像剂在被检工件表面形成均匀、圆滑的薄层，并应覆盖掉工件底色，注意显像剂层不能太薄也不能太厚，否则缺陷显示不明显；

⑤ 仔细观察缺陷情况，防止误判。

（5）实验条件

① 渗透剂；

② 显像剂；

③ 带表面裂纹的试块；

④ 砂纸；

⑤ 擦布。

（6）实验方法

① 对工件表面用砂纸打磨干净，若有油污等需先用汽油清洗干净；

② 采用喷涂法施加渗透液，注意保证被检部位完全被渗透液覆盖，并在整个渗透时间内保持润湿状态，不能让渗透液干在工件上；

③ 根据工件表面状态和被检缺陷特点，估计渗透时间，合理保证渗透时间（一般要求在10min以上）；

④ 待渗透充分后，在渗透部位喷上乳化剂，再用水去除表面多余的渗透液；

⑤ 用擦布擦干工件表面，清除积水；

⑥ 在工件表面喷洒显像剂，等10min以上时间，再仔细观察缺陷情况，并对缺陷性质和尺寸进行评估。

⑦ 实验完毕，清洗工件，整理实验工作台。

(7) 实验报告要求

① 实验目的、实验设备、实验步骤清晰；

② 客观记录实验结果，判明缺陷性质和大小；

③ 回答思考题。

(8) 思考题

① 渗透探伤的基本原理是什么？

② 渗透剂、乳化剂和显像剂的作用分别是什么？

③ 如何进行显像缺陷的评定？

12.8 磁粉法对焊缝探伤

(1) 实验目的

① 了解磁粉探伤的基本原理；

② 掌握磁粉探伤的一般方法和检测步骤；

③ 熟悉磁粉探伤的特点。

(2) 预习要求

① 熟悉教材相关内容；

② 了解实验目的和实验方法。

(3) 实验内容

① 熟悉磁粉探伤实验设备CDX-Ⅱ；

② 找到焊接件缺陷位置，并估算缺陷尺寸。

(4) 注意事项

① 工件表面必须清除干净，务必保证工件无毛刺、无锈斑、光滑平整；

② 磁痕检查必须仔细，防止错判、漏判或误判；

③ 爱护实验设备，保持室内卫生。

(5) 实验条件

① CDX-Ⅱ磁粉探伤仪（如图12-19所示）；

② 探头；

③ 磁粉悬浮液；

④ 被测焊接件；

⑤ 砂纸；

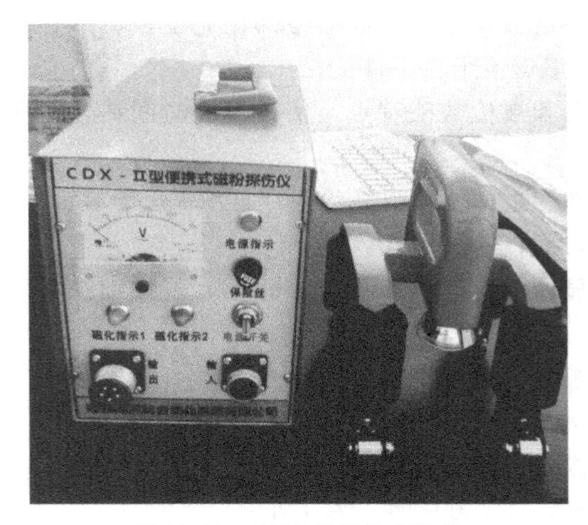

图 12-19　CDX-Ⅱ磁粉探伤仪

⑥ 放大镜；

⑦ 擦布。

（6）实验方法

① 工件表面预处理，用砂纸清除掉工件表面的防锈漆，使待建工件表面平整光滑，以使探头能和工件表面接触良好。

② 估算探伤电流，将电源电缆的原型插头插入仪器三芯电源插座，电缆的单相插头插入电板插座，接通仪器电源开关，指示灯亮，表明电路已经接通电源。

③ 准备好磁粉悬浮液。

④ 将探头和工件表面接触好，按下探头上的充磁按钮，充磁指示灯亮，表明工件已在磁化。

⑤ 将磁粉悬浮液向两磁头间喷洒少许，按下充磁按钮，充磁指示灯亮，表示工件正在磁化。

⑥ 注意掌握通电时间，仔细观察记录下缺陷位置、形状；沿工件表面拖动探头，重复上述方法，行进一段距离后，用放大镜在已检工件表面仔细检查，寻找是否有磁痕堆积，从而评判缺陷是否存在，如图 12-20 所示。

图 12-20　标准试样的磁粉探伤

⑦ 填写磁粉探伤实验报告，初步估计缺陷性质尺寸，分析实验结果。

（7）注意事项

① 探头和被探工件要求接触良好，才能按下充磁按钮，否则线圈中的电流会增大而烧坏熔断器，甚至损坏可控硅。

② 若需要调节磁极间距时，松动可调关节上的蝶形螺母来改变磁极间距，然后将螺母旋紧才能工作。

（8）实验报告要求

① 实验目的、实验设备、实验步骤清晰；

② 客观记录实验结果，判明缺陷性质和大小；

③ 用制图方式准确标注缺陷的位置。

（9）思考题

① 磁粉探伤的基本原理是什么？

② 影响磁粉探伤灵敏度高低的主要因素有哪些？

③ 磁化规范的确定要考虑哪些因素？

④ 磁粉探伤的缺陷评定要求和评定等级怎样？

附 录 考试试题

________级材料类专业《无损检测》期末试卷（A卷）

（闭卷）

班级____________姓名____________学号____________

题号	一	二	三	四	总分
分值	10	23	30	37	100

一、名词解释（每题5分，共10分）

1. NDT，2. 吸收衰减

二、填空题（每空1分，共23分）

1. 五大常规无损检测有：______，可简写为______；______，可简写为______；______，可简写为______；______，可简写为______；______，可简写为______。

2. 超声波的产生必须依赖于________。同时，还必须依赖于________的传播。超声波的传播过程，包括________状态和________的同时传递。

3. 次声，f：________，如台风、地震、核爆炸、天体等；

声频声，f：______-______，如语言声学、音乐声学、电声学、噪声学、建筑声学；

超声，f：________-________，如超声学、水声学、生物声学、仿生学等；

特超声，f：________，研究物质结构。

4. 超声波有很多分类方法，按照介质质点的振动方向与波的传播方向之间的关系，可以分为________、________、________等。

三、简答题（每题10分，共30分）

1. 射线检测的特点是什么？

2. 写出涡流检测的透入深度、频率、电导率和磁导率之间的关系式并分析。

3. 磁粉的功用是作为显示介质，其种类和适应条件是什么？

四、论述题（共37分）

1. 论述涡流检测的一般工艺程序（20分）。

2. 论述磁粉检测的优缺点（17分）。

________级材料类专业《无损检测》期末试卷（B卷）

（闭卷）

班级____________姓名____________学号________

题号	一	二	三	四	总分
分值	10	24	30	36	100

一、名词解释（每题5分，共10分）

1.涡流，2.趋肤效应

二、填空题（每空1分，共24分）

1.按照缺陷显示方式分类，可分为A型、B型和C型超声波显示探伤仪。A型是________显示。B型显示是一种________显示，探伤仪荧光屏的横坐标是靠机械扫描代表探头的________，纵坐标是靠电子扫描来代表声波的________或________，因而可以直观地显示出被检工件任一纵截面上缺陷的分布及缺陷的深度，即________和________。C型显示是一种________显示，但不能显示缺陷的________。

2.X射线也是电磁波的一种，射线探伤时，其波长大约在________～________nm左右。

3.高速电子转换成X射线的效率只有________，其余________都作为热而散发了。所以靶材料要导热性能好，常用________或________制作，还需要________。

4.增感屏通常有三种：________、________和________。

5.射线防护主要有________、________和________三种防护方法。

6.引起趋肤效应的原因就是________。

7.对进行磁粉检测的工件要求预先进行________，并且要求工件表面粗糙度一般应为________ μm。

三、简答题（每题10分，共30分）

1.画出超声波在介质为水、钢中的传播过程的示意图，注明强度。

2.说明组成超声波探伤的主要部件及作用。

3.说明X射线检测原理。

四、论述题（共36分）

1.论述X射线的特征（16分）。

2.论述涡流效应的测量方法（20分）。

________级材料物理专业《无损检测》期末试卷（C卷）

（闭卷）

班级____________姓名____________学号________

题号	一	二	三	四	总分
分值	10	24	50	16	100

一、名词解释（每题5分，共10分）

1.渗透检测　2.磁粉检测

二、填空题（每空1分，共24分）

1.按照磁化电流的类型分类，磁化方法有：________、________、________。

2.按照磁场产生方式分类，磁化方法有五种，分别为________、________、________、________、________。

3.施加磁粉的方法有________和________两种。

4.磁粉检测方法有________和________。

5.退磁方法有________和________。

6.液体渗透检测分________和________，就其原理是相同的，都是基于液体的某些物理特性，只是________缺陷的形式不同。

7.液体渗透检测的基本原理是由于渗透液的________和________而进入表面开口的缺陷，随后被________和________。

8.显像过程利用的也是________，当工件表面的一层渗透液被________以后，缺陷中的________将部分回渗到工件表面。

三、简答题（每题10分，共50分）

1.解释趋肤效应形成的原因。

2.写出涡流检测的透入深度、频率、电导率和磁导率之间的关系式并分析。

3.简述渗透检测的优缺点。

4.简述涡流检测的优缺点。

5.简述涡流探伤的应用。

四、论述题（共16分）

1.论述渗透检验的基本检验程序（8分）。

2.列出二种近代无损检测方法，说明其原理并举例说明其用途（8分）。

参考文献

[1] 胡天民.超声探伤、射线探伤、表面探伤［M］.武汉：武汉测绘科技大学出版社，1994.

[2] 蒋危平.超声波检测学［M］.武汉：武汉测绘科技大学出版社，1991.

[3] 郑中兴.材料无损检测与安全评估［M］.北京：中国标准出版社，2004.

[4] 刘福顺.无损检测基础［M］.北京：北京航空航天大学出版社，2002.

[5] 李喜孟.无损检测［M］.大连：大连理工大学出版社，2002.

[6] 沈玉娣.现代无损检测技术［M］.西安：西安交通大学出版社，2011.11.

[7] 孙全胜，李涛.红外检测技术在探伤中的运用［J］.红外技术，2003，25（2）.

[8] 严天鹏.红外热成像技术在风力机叶片无损检测方面的应用研究［D］.北京工业大学，硕士论文，2004（5）.

[9] 戴景民，汪子君.红外热成像无损检测技术及其应用现代［J］.自动化技术与应用，2007.26（1）.

[10] 王康印.红外检测［M］.北京：国防工业出版社，1986.